服装电脑三维造型与制板

董礼强　黄超　编著

东华大学出版社

全国服装工程专业（技术类）精品图书

纺织服装高等教育「十二五」部委级规划教材

内 容 提 要

本书从典型服装案例入手，由浅入深地介绍如何使用Photoshop进行服装人体设计与服装效果图设计、如何使用CorelDraw进行服装款式图设计以及如何使用富怡服装CAD进行服装纸样设计和排料设计。本书图文并茂，强调内容的实用性、规律性和系统性，每个章节后面都有专门的知识小结和练习，小结更加重视计算机辅助服装设计软件学习的连贯性、延伸性和规律性，注重引导读者通过举一反三，进行不断地自我提高，具有很强的实用性。

本书蕴涵了作者丰富的教学经验与服装设计的实践经验，可以作为高等院校服装专业的计算机辅助服装设计的理论与实训教材，也可供服装企业的设计师和打板师作技术参考资料使用。

图书在版编目（ＣＩＰ）数据

服装电脑三维造型与制板/董礼强，黄超编著. —上海：东华大学出版社，2014.5

ISBN 978-7-5669-0471-3

Ⅰ.①服… Ⅱ.①董… ②黄… Ⅲ.①服装设计—造型设计—计算机辅助设计②服装量裁—计算机辅助制版 Ⅳ.①TS·475

中国版本图书馆CIP数据核字（2014）第057759号

责任编辑：张　煜
封面设计：潘志远

服装电脑三维造型与制板

董礼强　黄　超　编著

出　　版：东华大学出版社（上海市延安西路1882号）
邮政编码：200051　　电话：（021）62193056
出版社网址：http://www.dhupress.net
天猫旗舰店：http://dhdx.tmall.com
发　　行：新华书店上海发行所发行
印　　刷：苏州望电印刷有限公司
开　　本：787mm×1092mm　1/16　印张：15.25
字　　数：381千字
版　　次：2014年5月第1版
印　　次：2014年5月第1次印刷
书　　号：ISBN 978-7-5669-0471-3/TS·475
定　　价：35.00元

全国服装工程专业（技术类）精品图书编委会

郑小飞　杭州职业技术学院达利女装学院

侯东昱　河北科技大学纺织服装学院

高亦文　河南工程学院服装学院

吴　俊　华南农业大学艺术学院

闵　悦　江西服装学院服装设计分院

陈东升　闽江学院服装与艺术工程学院

杨佑国　南通大学纺织服装学院

史　慧　内蒙古工业大学轻工与纺织学院

孙　奕　山东工艺美术学院服装学院

王　婧　山东理工大学鲁泰纺织服装学院

朱琴娟　绍兴文理学院纺织服装学院

康　强　陕西工业职业技术学院服装艺术学院

苗　育　沈阳航空航天大学设计艺术学院

李晓蓉　四川大学轻纺与食品学院

傅菊芬　苏州大学应用技术学院

周　琴　苏州工艺美术职业技术学院服装工程系

王海燕　苏州经贸职业技术学院艺术系

王　允　泰山学院服装系

吴改红　太原理工大学轻纺工程与美术学院

陈明艳　温州大学美术与设计学院

吴国智　温州职业技术学院轻工系

吴秋英　五邑大学纺织服装学院

穆　红　无锡工艺职业技术学院服装工程系

肖爱民　新疆大学艺术设计学院

蒋红英　厦门理工学院设计艺术系

张福良　浙江纺织服装职业技术学院服装学院

鲍卫君　浙江理工大学服装学院

金蔚茌　浙江科技学院艺术分院

黄玉冰　浙江农林大学艺术设计学院

陈　洁　中国美术学院上海设计学院

刘冠斌　湖南工程学院纺织服装学院

李月丽　盐城工业职业技术学院艺术设计系

徐　仂　江西师范大学科技学院

金　丽　中国服装设计师协会技术委员会

前　言

"工欲善其事，必先利其器"，什么样的工具是当代服装版师进行样板设计的利器呢？铅笔？尺？剪刀？在一个很容易"OUT"的时代，若固守传统的方法去做样板，则很难适应多款式、小批量、快节奏的快时尚服装产业的发展。软件工作者创造了令人印象深刻的智能服装 CAD 技术和三维服装设计软件，服装制作采用的平面与立体相结合方式，在虚拟的计算机中适用，但是速度和效率比传统方式大幅提高，作为服装样版师应该具备接受新事物的能力，用先进的 CAD 技术来武装自己，在新的工作环境中将自己的样板技术充分发挥。为此，本书将先进的服装三维软件和服装 CAD 软件的使用方法进行了详细的介绍，借此抛砖引玉，为国内版师进行样板设计提供借鉴。

本书第一章对服装三维造型技术和服装 CAD 平面制板技术的概念、历史现状及软件进行了简单的介绍；第二章介绍了服装三维造型软件的安装和工具命令使用方法，并通过实际案例，让读者快速入门；第三章介绍了服装平面制板软件的安装和工具命令使用方法，结合具体的款式案例，让读者快速掌握服装 CAD 的制板方法；第四章主要介绍了服装三维造型软件和服装平面制板软件之间的互通方法；第五章对服装三维秀进行了简单的介绍。

本书编写者多年从事服装结构、服装 CAD 的教学和培训工作，一直致力于服装电脑三维造型和服装 CAD 平面制板学习和钻研，想借助本书让更多的学习者了解这些技术，从而对我国的服装职业教育及服装产业的发展尽一点力。

此书编写中，面对种类繁多的三维软件和服装 CAD 软件，首先要做的就是选型。本着对读者负责的态度，在学习和研究了多种软件后，最后服装三维软件确定使用 CLO3D，而服装平面制板软件确定使用富怡服装 CAD 系统。CLO3D 软件在其官网上提供了英文版和中文版的说明书，但中文版说明书对于初学者很难正确理解，于是作者结合英文版说明书和软件的实际操作，根据自己多年的教学经验编写而成。富怡服装 CAD 系统则参考了深圳富怡软件公司提供的软件操作手册，按照本书的编写目的，选编了制板方面的内容，而放码和排料内容非本书所需，未编入，需要的读者可以参考富怡软件公司官方网站提供的中文说明书，或参考市面上其他相关书籍。

本书中的案例均是本书编写者在计算机中进行操作的过程记录，配有大量的图片和文字说明，为了让读者更容易理解所学内容，文字尽量精简，而在配图上进行了详细的描述。部分图片来源于网络，因无法与原作者取得联系，在此声明版权归原作者所有。另外，现在互联网发达，我们将陆续把本书的配套资源和教学视频上传到服装 CAD 网络课堂上 (www.cadclass.cn)，有需要的读者可以自行访问学习，本书不再配置光盘。

本书由浙江纺织服装职业技术学院董礼强、黄超两位老师编著。本书在编写过程中得到深圳市盈瑞恒科技有限公司和上海嘉纳纺织品科技有限公司的大力支持，在此深表感谢！另外，感谢东华大学出版社为我们提供这次出版机会。

由于编写时间仓促，编写者水平有限，难免有错漏之处，恳切希望同行专家、广大师生提出宝贵意见。

编著者

CONTENTS

目录

CONTENTS

第一章 概 述

FUZHUANG DIANNAO SANWEI
ZAOXING YU ZHIBAN

第一节　服装电脑三维造型概况

一、服装电脑三维造型设计概念

服装电脑三维造型设计是指利用服装三维设计软件在计算机中对服装进行立体虚拟造型设计,包括平面样板修正、裁片虚拟缝制、不同材质模拟、3D 模特动态试穿等功能。使用服装电脑三维造型设计能够快速进行样衣设计,大大提高了样衣制作的效率,逐渐被越来越多的服装企业所关注。

二、服装电脑三维造型设计发展历史及现状

服装电脑三维造型设计是服装 CAD 领域比较前沿的技术,因为服装设计本身具有艺术性和科学性的双重特点,相对于其他行业,如汽车业和航空业等早已使用三维技术进行模拟、计算和制造,在三维人体建模、服装面料模拟等方面一直存在较大的技术难度,一直以来成熟的应用较少,到目前为止,市场上大部分服装 CAD 软件是基于二维平面的应用系统,服装版型师利用服装 CAD 技术在计算机中完成平面样板设计,然后通过绘制图纸、面料裁剪等方式将二维平面上裁剪的材料包覆在三维的人体上,许多顶级的时装设计师是直接将面料披挂在人台上,用大头针固定,按照自己的设计构思进行裁剪和造型设计。不过,随着计算机技术的迅猛发展以及服装的多品种、小批量、快节奏等快时尚生产需要,使用电脑进行服装三维设计的需求越来越多了。

服装 CAD 系统发展趋势将会是纸样的设计和调整、产品的展示都以三维方式完成,如果

这样的话,就必须使用虚拟现实技术。近些年来,随着投入的增加,越来越多的虚拟现实技术在服装行业进行了应用,例如服装三维设计系统、服装面料三维展示系统、网络虚拟试衣系统等,其中以服装电脑三维造型软件发展的最为迅速。下面将介绍一些当前比较热门的服装电脑三维造型软件。

三、服装电脑三维造型设计软件介绍

1. CLO3D

CLO3D 三维造型软件是韩国 CLO 虚拟时装有限公司出品的 MarvelousDesigner 2 系列设计软件之一,在国内的大力推广下,受到越来越多服装设计师和版型师的关注,该软件设计功能比较强大,操作方便,是一个全方位服装款式设计、打板试衣的服装电脑三维造型软件,支持 DXF 输出软件的模拟效果。其特点如下:

（1）支持整个模式的设计功能;

（2）支持折线绘制自由曲线和飞镖;

（3）快速、准确的立体裁剪,最快的速度悬垂,可以体验快速和完整的复杂的服装立体裁剪的结果;

（4）支持不同的物理性质,面料的物理参数化特征是数字化,并成为一个多种属性——拉伸、剪切、抗弯刚度、阻力、密度、厚度等;

（5）键式布局模式使用 “安排点”;

（6）高品质的实时渲染;

（7）广泛的兼容性,建模工具可以从诸如

3DS MAX 软件、玛雅、Softimage 公司、光波、波塞尔、哈根达斯工作室、VUE 和摩多的 3D 建模工具几乎所有的 COLLADA 和 OBJ 文件。布科、头像和文件可以导出为 OBJ 格式。

2. V-Sticher

V-Sticher 是 Browzwear 公司出品的为了加快实物服装造型的三维服装造型软件，不断推出的新版本软件应用于服装行业能够削减成本并通过真实感很强的三维服装设计应用来缩短产前样的周期。样板师和设计师可以在该软件中进行自由的二维和三维互换，并且可以将三维服装穿着到自定义尺寸的模特身上，其主要特点如下：

（1）先进、逼真的模特

3D 模特可以通过大量参数进行自定义，从年龄到性别、从肤色到发型来进行人体测量和姿态展示，甚至可以模拟怀孕的不同阶段。

（2）实时的 3D 到 2D 转换

通过自带的 CAD 功能例如移动或拖动点和曲线可以修改 2D 样板，同时在 3D 中快速得到结果。

（3）先进的织物悬垂性能

基于面料的物理性能，可以模拟真实的立裁效果，软件中的悬垂仿真是基于先进的数学和物理实现的实时算法。

（4）2D 样板转换为 3D 服装

3D 服装设计可以基于标准的工业用服装 CAD 产生的 2D 样板，友好的用户界面可以产生丰富的 3D 着装效果。

（5）照片级的织物纹理显示效果

独特的纹理映射功能可以提供照片效果对面料、针、印花和其他附件进行显示。

3. PAD3D

PAD3D 是加拿大派特服装软件公司服装 CAD 软件中的三维设计模块，其特点是将平面纸样转化为立体纸样，多视角360度旋转，逼真

体现成衣的立体造型，可瞬间预知样板缝制后的效果，减省制版工作，提前告知设计师和客户观察由平面纸样转化成的立体外部造型，以及内部贴合度，打版师可及时发现和修改纸样及版型上的问题，人台模型的性别、年龄、尺寸可自由设定，从而实现度身定做，三维试衣中的面料替换显示功能，较二维试衣中对面料的阴影、破花等处理技术，跨出了质的飞跃，实现真正的三维仿真试衣，可仿真各种面料、背景、灯光、颜色的调节，使立体效果更为逼真，调用的面料图片文件，可直接与 PhotoShop 等绘图软件相互调用、编辑、修改。

4. LookStailorX

LookStailorX 软件是位于日本大阪的数码时尚公司（Digital Fashion）研制开发出的一种用于服装立体设计的电脑软件 LookStailorX 是采用从立体服装到平面纸样的方法进行实用的服装纸样设计的服装设计软件。软件的主要特点为可简单将立体形状转为平面纸样，可自由在服装上设定设计线后，制作纸样。采用这种软件，可使服装立体设计图在瞬间变成纸样。

5. PGM 3D Runway Creater

3DRunway 是 PGM 公司的三维试衣系统，经过多年的经验积累，内嵌到了 PGM PDS 样板制作软件中，从而使制版、三维试穿和样板修改有机的结合起来。其特点如下：

（1）模特库

拥有详尽的人体模特库，同时提供详细的人体尺寸调整功能，客户可以根据需要，对人体各部位的尺寸进行调整，无论何种特殊体型（孕妇、蜂腰、溜肩）都能完美体现。可以调整模特的肤色、面部表情、站立姿态等。3DRunway 可以和三维人体扫描仪直接连接，读取真实的人体数据，方便快速试穿。

（2）面料模拟系统

可以显示织物的组织纹理、皮革的质感、

材料的配色关系以及面料的物理性能表现。任何面料都可以通过数码设备输入到电脑中，并得到真实体现。各种特殊处理，如印花、绣花、商标、磨砂、水洗等都能逼真显示。面料的面密度、厚度、刚度、摩擦系数等物理性能也能针对性调整，确保三维虚拟试穿的准确效果。可以和目前最先进的面料测试系统如KES，FAST等连接，直接将面料的测试结果表达在三维虚拟试穿中。

（3）多行业运用

3DRunway以强大的试样功能，能够在服装、包袋、家居、汽车等内饰件的产品开发中进行虚拟试样。大大缩短了产品设计周期，节省了开发成本，大幅度提升公司实力和市场竞争力。

（4）沟通

通过Internet Explorer浏览器，可以将三维试穿的图片和贸易商、客户、工厂等快速沟通，对方无需购买3DRunway软件，即可免费和您畅通无阻的沟通，带给您更多的商业机会。

四、服装电脑三维造型设计素材准备

在电脑上进行三维造型设计需要准备的素材主要包括CAD制作的平面样板、各种面料图片以及纽扣、拉链等附件图片。

第二节　服装电脑平面制板概况

一、服装电脑平面制板概念

服装电脑平面制板是指用服装CAD软件在计算机中进行平面样板设计。使用服装CAD进行样板设计与手工纸质绘制相比具有三个主要特性：灵活性、高效性和可存储性。

灵活性体现在省道转移、分割线设计、褶裥展开等不需要手工繁琐的纸板绘制、裁剪、旋转、粘贴、修改等步骤，使用服装CAD的相关工具命令可以进行任意灵活的变化；高效性体现在样板复制、加放缝份、推档、排料等操作。在样板复制上，手工操作根据样板的难易程度需要几分钟到几十分钟时间，而服装CAD中，无论样板如何复杂，样板复制均是"Ctrl+C"和"Ctrl+V"瞬间完成；在推档上，手工推档要经历描点、连线、拓样等操作，如果系列样板有十几个甚至几十个，其工作量非常巨大，时间是以"天"为单位计算，而使用服装CAD后，再复杂的样板所需时间也

是几分钟即可完成；在排料的效率上，使用服装CAD进行排料，无论是利用率还是效率上比手工都具有无可比拟的优势。而在可存储性方面，传统的手工板房，纸质样板堆积如山，不但样板容易破损，查找起来非常困难，而使用服装CAD的板房，因为所用样板均存储到计算机硬盘上，在有回单的情况下，只需要输入关键词查询便可快速查找到样板进行输出。

正是因为以上特点，所以众多服装企业纷纷采用服装CAD软件在电脑上进行服装平面制板。

二、服装电脑平面制板发展历史及现状

服装CAD在服装行业的应用始于20世纪70年代初。最初主要是用于排料，可以最大限度地提高面料的利用率。美国格柏公司和法国力克公司开发了最早的计算机排料系统。随

着服装 CAD 应用的不断扩大，放码作为 CAD/CAM 系统的第二功能开始出现，再到 20 世纪 80 年代，随着个人计算机和苹果机的发展，一些图形设计软件开始大量涌现，在电脑上用鼠标代替笔的服装电脑平面制板逐渐开始流行。

服装 CAD 软件发展到今天，某种程度来说已经是比较成熟了，各种智能技术的运用，让服装版师操作起来得心应手，服装 CAD 软件在中国上规模服装企业的普及率已经达到 100%，随着各个服装 CAD 公司竞争的加速，软件和相应的输出设备价格也越来越低，甚至出现了免费的服装 CAD 软件，这就使得服装 CAD 软件的使用者不一定是大型服装公司了，将来的小型服装加工厂甚至是个性化服装定制店铺都可能全面使用服装 CAD 软件了。

三、服装电脑平面制板软件介绍

用于服装电脑平面制板的服装 CAD 软件当前有几十种，在中国的市场上，最初是由国际上知名度较高的一些服装 CAD 软件如美国格柏、法国力克、加拿大派特等控制，价格比较昂贵，只有一些大型的服装公司有能力引进，但是近些年来，随着国内服装 CAD 技术的发展，一些国产服装CAD软件因其功能强大、操作方便、价格低廉逐渐可以与国外品牌抗衡，例如国内知名的深圳富怡服装 CAD 软件、上海至尊宝纺软件、宁波锐卡软件、广东布易软件等，深受广大版师欢迎，影响力不断提升。相关软件，读者可自行使用搜索引擎查询，各个公司均有详细介绍，本书就不详细阐述了。

四、服装电脑平面制板要求

服装电脑平面制板要求制板者能够正确理解样板与人体之间的关系，能够把握线条对服装造型的影响，服装专业功底深厚，要能贯穿设计、打板、裁剪、缝制整个流程，通过反复动手操作，积累实践经验，这样，在电脑中使用服装 CAD 软件方能得心应手，运用自如。

第二章　服装电脑三维造型设计

FUZHUANG DIANNAO SANWEI
ZAOXING YU ZHIBAN

CLO3D 三维造型软件是韩国 CLO 虚拟时装有限公司出品的 MarvelousDesigner2 系列设计软件之一，软件设计功能比较强大，操作方便，是当前具有代表性的服装电脑三维造型软件，本书将以该软件为载体，进行服装电脑三维造型设计的介绍。

第一节　软件安装

一、系统配置要求

CLO3D 三维造型软件对计算机配置要求较高,为了达到服装三维设计过程中的流畅和逼真效果,在安装软件以前请按照以下推荐进行计算机配置。

推荐系统配置

操 作 系 统:Microsoft Windows XP/Vista/7 32/64bit

CPU:Pentium i7 系列

显卡:Nvidia Geforce GTX 460(台式机), Nvidia Geforce 460M(laptop)

内存:4GB

最低系统配置

操 作 系 统:Microsoft Windows XP/Vista/7 32/64bit

CPU:Pentium 4 3GHz

显卡:Nvidia Geforce 210(desktop),Nvidia Geforce310M(laptop)

内存:2GB

二、软件安装步骤

1.运行安装程序

双击 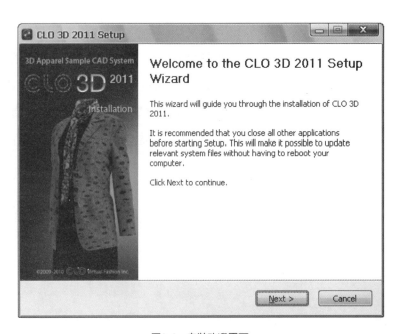 图标,启动 CLO3D 的安装程序。

2.弹出如图 2-1 窗口,然后按"Next"按钮。

图2-1　安装欢迎界面

3. 阅读 License Agreement，如图 2-2 所示。同意则点击"I Agree"按钮继续。

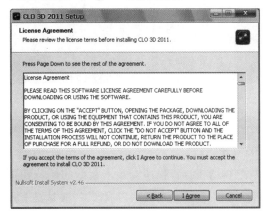

图2-2　License Agreement窗口

4. 选择安装目录，如图 2-3 所示。

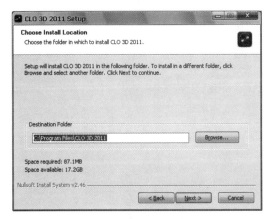

图2-3　选择安装路径

5. 选择开始菜单文件夹，如图 2-4 所示。

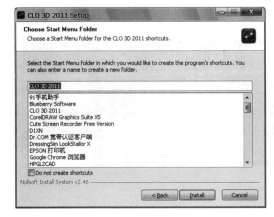

图2-4　开始菜单位置

6. 安装程序进行文件安装，如图 2-5 所示。

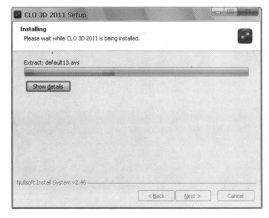

图2-5　安装进度窗口

7. 当安装程序结束后，如图 2-6 所示，点击"Finish"按钮，就可以运行 CLO3D 三维服装设计软件，如图 2-7 所示。

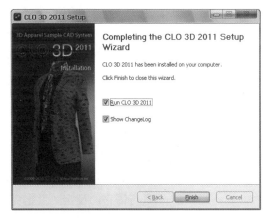

图2-6　安装完成界面

图2-7　程序启动界面

8. 在如图 2-8 所示窗口中根据显卡性能进行图形选项设置,如果操作系统缓慢,则请关闭所有选型。

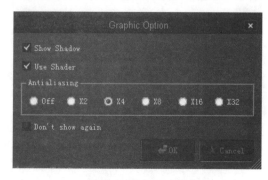

图2-8　图形选型设置

9. 在登陆窗口(如图 2-9 所示)输入您在

图2-9　登陆窗口

www.marvelousdesigner.com 网站注册的用户 ID 和密码。

10. 登陆后,程序会载入初始的模特和服装。如果程序载入数据后崩溃,一般是显卡驱动程序出现问题,请下载并安装最新显卡驱动程序。

第二节　工作环境设置

一、语言设置

软件默认的语言是英语,可以点击菜单 "Setting>Language" 进行语言的设定。设定完成后,需要重新启动 CLO3D 软件,才能生效,如图 2-10 所示。

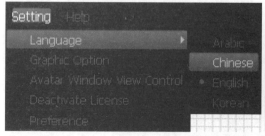

图2-10　安装欢迎界面

二、窗口和面板

软件打开后进入工作界面,如图2-11所示。工作界面主要包括模特窗口、样片窗口、对象浏览器、对象属性编辑器。下面分别对其进行介绍。

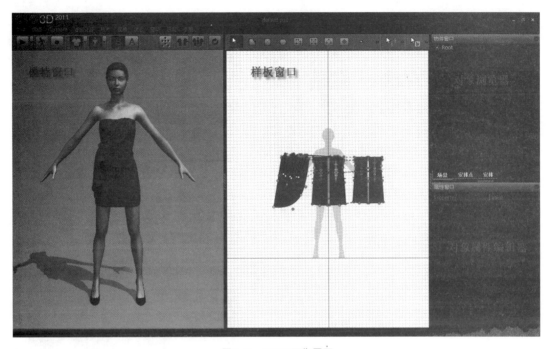

图2-11　CLO3D工作界面

1. 模特窗口

在这个窗口中,可以给模特换装,并可以展示并记录三维的静态和动态着装效果,如图2-12所示。

样片排布　　　　　　　　　　静态试样　　　　　　　　　　动态展示

图2-12　模特窗口

2.样片窗口

在此窗口中,可以进行绘制样片、设置缝合线、选择服装的材料等操作,如图 2-13 所示。

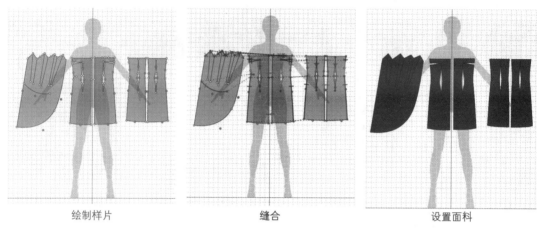

绘制样片   缝合   设置面料

图2-13 样片窗口

3.对象浏览器

对象浏览器包含场景、放置点、放置三个显示面板,当选择一个对象后,在对象浏览器中会显示该对象的详细信息,具体功能如下:

（1）场景

在此面板中,可以查看关于样片、形状、缝线、纸样中的对象及模特窗口中的列表信息。当在样片窗口或模特窗口中选择了一个样片,场景面板中便会即时显示出来,反之亦然,如图2-14 所示。

（2）放置点

增加或编辑放置点,如图 2-15 所示。

（3）放置

增加或编辑界限值（ Bounding Volume ）,如图 2-16 所示。

4.属性编辑器

属性编辑器的作用是当选中对象浏览器某一对象后,可以在此面板中对对象的属性进行编辑,包括样片属性、内部图形属性、缝线属性、材料属性等。

图2-14 场景属性面板

图2-15 放置点属性面板

图2-16　放置属性面板

（1）样片属性

① 基本信息：可以改变样片的名称，如图2-17所示。

图2-17　样片属性面板窗口

② 图形：显示整个图形的长度，如图2-18所示。

图2-18　图形属性

③ 样片：可以调整样片之间粒子（网孔）距离，如图2-19所示。

图2-19　样片粒子距离

④ 放置：当使用"放置点"面板放置好纸样后，可以修改纸样细节，如图2-20所示。

图2-20　放置细节

⑤ 表面属性：可以在这里设置服装的面料、颜色、透明度等，如图2-21所示。

图2-21　样片窗口

⑥ 物理属性：这里可以设置物理属性。系统已经预设了一些面料，如"牛仔""丝绸""棉""羊毛"等。可以使用"细节"中的各选项进行面料属性的设置，如图2-22所示。

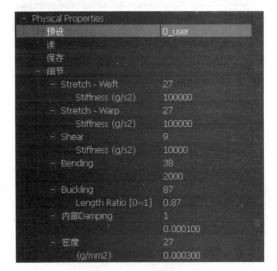

图2-22　物理属性窗口

⑦ 其他属性：可以设置"收缩""厚度"以及与层相协调，如图2-23所示。

图2-23　其他属性窗口

⑧ 被选中的线：当选中样片中的某一条线

的时候,这个菜单便会显示出来,可以看到线段的长度,并可以插入可伸缩的带子,如图 2-24 所示。

图2-24　被选中线属性

（2）内部图形属性

① 基本信息:可以设置内部多边形和线的名称,如图 2-25 所示。

图2-25　内部图形基本信息属性

② 图形:这个菜单是通过调整内部图形的角度来折叠一个样片。可以制作一条熨烫线并使用它打褶,如图 2-26 所示。

图2-26　内部图形属性

（3）缝线属性

① 基本信息:可以改变缝线的名称,如图 2-27 所示。

图2-27　缝线基本信息

② 缝线:可以像内部图形一样设置缝线的角度,如图 2-28 所示。

图2-28　缝线属性

（4）模拟属性

① 基本信息:可以改变模拟的名字,如图 2-29 所示。

图2-29　模拟基本信息

② 模拟属性:系统预设了正常、最佳、完整三种模式。可以在此面板的各个选项中设置自定义模拟参数,如图 2-30 所示。

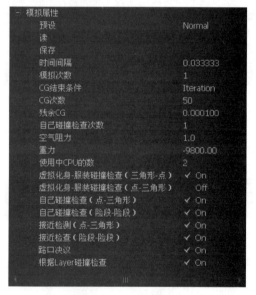

图2-30　模拟属性面板

三、视角控制及基本操作

1. 视角控制

服装三维造型的视角控制非常重要,需要使用者能够习惯在电脑三维空间中对模特和服装进行调节。在 CLO3D 中,主要是通过鼠标来控制模特窗口和样片窗口的三维视角。操作功能如表 2-1 所示。

表2-1 视角控制操作功能表

状态	名称	鼠标键	功能
✛	移动	滚轮键按下并拖动	将视窗的上、下、左、右移动
╋ ━	放缩	滚轮键前后滚动	改变视窗的缩放比例
↶↷	旋转	右键按下并拖动	旋转模特窗口模特或服装

2. 三维空间对象位置移动

三维空间对象位置移动或旋转要使用"放置球"（Arrangement Sphere）装置，可以在模特窗口中调整样片、风等对象的三维相对位置及方向。当在样片窗口或模特窗口中选中某一个样片的时候，这个"放置球"便会显示在模特窗口中，如图2-31所示，放置球中有三条不同颜色的线，其中绿色的线代表Y轴，红色的线代表X轴，蓝色的线代表Z轴，另外也可以直接拖动黄色的方块进行随意移动。具体使用方法如下。

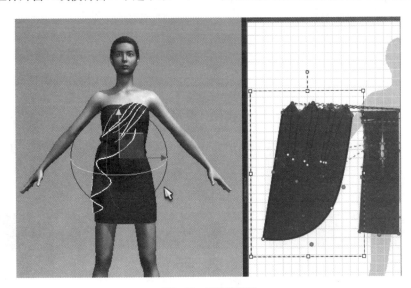

图2-31 三维放置球

（1）移动纸样（如图2-32所示）

① Y轴移动：将光标移动到绿色线上，光标形状变为 ⇕ 时，按住鼠标左键，可以实现对象的上下移动。

② X轴移动：将光标移动到红色线上，光标形状变为 ⇔ 时，按住鼠标左键，可以实现对象

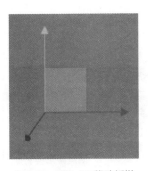

图2-32 图2-32 移动纸样

的左右移动。

③Z轴移动:将光标移动到色线上,光标形状变为 ⇕ 时,按住鼠标左键,可以实现对象的前后右移动。

④任意方向移动:将光标移动到黄色方块上,光标形状变为 ✛ 时,按住鼠标左键,可以实现对象的平面任意移动。

(2)旋转纸样(如图2-33所示)

①Y轴旋转:将光标移动到绿色线上,光标形状变为 ↻ 时,按住鼠标左键,可以实现对象的绕Y轴旋转。

②X轴旋转:将光标移动到红色线上,光标形状变为 ↻ 时,按住鼠标左键,可以实现对象

的绕X轴旋转。

③Z轴旋转:将光标移动到色线上,光标形状变为 ↻ 时,按住鼠标左键,可以实现对象的绕Z轴旋转。

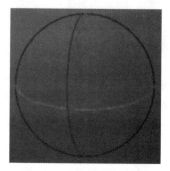

图2-33　放置球的使用方法

第三节　工具条

一、样片设计工具条

样片设计工具条的作用是在样板窗口中进行样片的设计和编辑,包括样片轮廓线和样片内部线,可以加点、分线、调整曲线、增加曲线点,工具条如图2-34所示,具体功能如表2-2所示。

图2-34　样片设计工具条

表2-2　样片设计工具功能列表

工具图标	名　称	键盘快捷键	功　能
	编辑样片	Z	可以选择和移动样片、线和点
	创建多边形样片	A	通过设置多重点绘制多边形
	创建矩形样片	S	绘制矩形样片

（续表）

工具图标	名　称	键盘快捷键	功　能
	创建圆形样片	W	绘制圆形样片
	创造内部图形或线	G	绘制内部形状（多边形）和线,这个工具也可以用来在一个样片内标明烫迹线或折叠线
	创造内部矩形	F	绘制内部矩形
	创造内部圆	R	绘制内部圆形
	创造省道	D	在样片内绘制省道（四点省道）
	加点/分线	X	在线段上加点或分割线段
	变换曲线	C	变直线段为三点曲线
	加曲线点	V	在曲线上增加点

二、缝制工具条

缝制工具条的作用是当在样片窗口中完成样片设计后,使用该工具条中的工具定义各样片需要缝合的边线,并可以对这些边线进行编辑或删除操作,工具条如图2-35所示,各个工具的功能如表2-3所示。

图2-35　缝制工具条

表2-3　缝制工具功能列表

工具图标	名　称	键盘快捷键	功　能
	编辑缝线	B	选择和修改缝线
	线缝纫	N	以整段线的形式缝合缝线
	自由缝纫	M	通过点击对应样片上的起点和终点缝合缝纫线
	显示/隐藏缝线	Shift+B	显示或隐藏缝线

三、纹理设计工具条

纹理设计工具条的作用是为样片窗口中选中的样片填充和编辑纹理(注意:所填充纹理的大小和分辨率要与样片大小比例协调),工具条如图 2-36 所示,各工具的功能如表 2-4 所示。

图2-36 纹理设计工具条

表2-4 纹理设计工具功能列表

工具图标	名 称	键盘快捷键	功 能
	编辑纹理	T	选择、移动、旋转、放缩纹理
	添加纹理	P	为样片插入印制纹理
	显示纹理	Shift+T	显示或隐藏纹理

四、着装模拟工具条

着装模拟工具条的作用是将样片窗口中制作完成的样片在选定模特上进行三维着装模拟,工具条如图 2-37 所示,各工具的功能如表 2-5 所示。

图2-37 着装模拟工具条

表2-5 着装模拟工具功能列表

工具图标	名 称	键盘快捷键	功 能
	显示放置点	Shift+F	显示或隐藏模特上的放置点
	二维转三维	Ctrl+D	同步模特窗口与样片窗口的样片、缝线、纹理
	重新放置全部样片	Ctrl+E	全样片重新放置在身体周边（模拟前的最近一次样片的三维放置）
	初始化所有样片	Ctrl+W	所有样片位置初始化（所有样片在单一轴上排列）
	模拟	空格键	开始或停止着装模拟,有一般、完成、最好三种效果,可在属性窗口进行相应调节

（续表）

工具图标	名　称	键盘快捷键	功　能
	播放动作		播放或停止模特动作
	记录服装模拟		记录服装模拟
	显示服装	Shift+C	显示或隐藏服装
	显示模特	Shift+A	显示或隐藏模特
	模拟状态开关		将当前窗口状态改变为模拟状态
	动态（动画）状态开关		将当前窗口状态改变为动态（动画）状态

第四节　菜单及功能说明

一、文件菜单

1. 文件格式（Format）

（1）Marvelous Designer 及 CLO3D 软件自身的文件格式，如表 2-6 所示。

表 2-6　自身文件格式列表

文件所属功能模块	文件后缀扩展名	文件格式描述
衣服 (Cloth)	*.pac	它是"样片和衣服"(Pattern and Cloth)的缩写形式，包含衣服、样片、缝线及纹理材质等的数据信息。
姿态 (Pose)	*.pos	这种文件包含了模特的姿态数据信息。当用户以"*.pac"文件格式保存衣服文件时，软件自动以"*.pos"文件格式保存。可以通过这种文件格式轻松改变模特的姿态。只有打开的模特模型是"COLLADA"格式的，并带有关节的时候，姿态文件才能够被保存。

（续表）

文件所属功能模块	文件后缀扩展名	文件格式描述
动作 (Motion)[A]	*.mtn	是模特动作数据信息文件格式,动作文件只有打开的模特模型是带有 "COLLADA" 格式的动作时,才能够进行保存。
动态 (Animation)[A]	*.anm	是一种通过模拟模特动作(*.mtn)的记录文件。若要在CLO3D和Marvelous Designer或Marvelous Show Player中播放动态,则需要有衣服文件(*.pac)。
放置点 (Arrangement Point)	*.arr	是一种围绕在模特周围的红色点,通过这些点可以轻松地进行样片的放置,可以以 "放置包围盒" 为基础进行创建。
放置包围盒 (Arrangement Bounding Volume)	*.pan	圆筒的形状覆盖在模特的一部分上,并且起点和终点都与模特的关节相关联,因此,即使是模特的姿态发生改变,仍然可以使用这些放置包装盒(Arrangement BV)来适应姿态。
物理特性(Physical Property)	*.psp	包含了面料的物理特性细节。

注: 功能模块名称列中带 "*" 标注的只有在CLO3D中可用,带 "[A]" 标注的在动态编辑器插件中可用。

（2）兼容格式如表2-7所示。

表2-7 兼容文件格式列表

文件所属功能模块	文件后缀扩展名	文件格式描述
COLLADA	*.dae	CLO3D当前支持以COLLADA文件格式来载入模特。COLLADA文件可以从3DS MAX、MAYA、Poser 和 DAZ Studio这些软件中导出。COLLADA文件格式不但包含几何体和材质还包含装配、皮肤、动态等数据。可以在3DS MAX和MAYA软件中安装OpenCOLLADA插件(下载地址: http://www.opencollada.org/download.html)来导出COLLADA文件。
OBJ	*.obj	可以导入OBJ格式的模特模型,但是只包含几何体和材质。
DXF*	*.dxf	DXF-AAMA格式是二维服装CAD软件的标准格式。CLO3D当前兼容的服装CAD软件有YUKA、Gerber、Lectra、StyleCAD、Optitex、PAD System等国外软件,国内一些服装CAD软件如富怡、智尊宝纺、布易等可以导出DXF-AAMA格式的,也可以兼容。
BVH[A]	*.bvh	具有从演员动作中捕捉的骨骼层次信息和动作数据。
Animation Cache[A]	*.mc, *.pc2	具有顶点动画数据。当在CLO3D中记录完动画后,可以把该动画以点缓存的形式导出到3DS MAX或MAYA中。
Texture	图像格式	可以使用标准的图片格式为服装设置材质,这些图片格式有 *.jpg、*.png、*.bmp、*.psd等。

2. 新建文件(New)

点击菜单中"文件 > 新的"命令,就开始从零开始设计,模特窗口只有未着装模特,样片窗口只有人体平面投影,要在此开始进行样片设计。

3. 打开和保存服装文件

在 CLO3D 中可以打开和保存服装文件(*.pac),但需要注意的是模特的姿态文件(*.pos)是与服装文件一起保存的。具体命令及操作方法如下:

(1)打开服装,如图 2-38 所示。

图2-38 "打开服装"菜单

(2)保存服装,如图 2-39 所示。

图2-39 "保存服装"菜单

(3)保存,如图 2-40 所示。

图2-40 "保存"菜单

4. 打开模特文件

在 CLO3D 和 Marvelous Designer 中可以打开模特文件，软件目前支持以 COLLADA 和 OBJ 两种格式进行模特的载入。当打开一个模特的时候，当前的模特会被新打开的模特所替换。COLLADA 文件可以从 3DS MAX、MAYA、Poser 及 Daz Studio 这些三维软件中导出，此类型文件不但包含几何体和材质还包含装配、皮肤、动态等数据。可以在 3DS MAX 和 MAYA 软件中安装 OpenCOLLADA 插件（下载地址：http://www.opencollada.org/download.html）来导出 COLLADA 文件。当然，也可以导入 OBJ 格式的模特模型，但是这种格式的模特只能载入几何体和材质。具体命令及操作方法如下。

（1）打开模特（COLLADA），如图 2-41 所示。

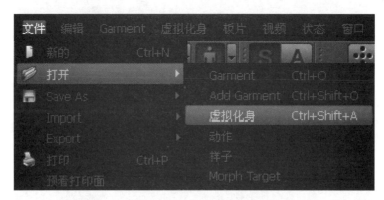

图2-41　"打开模特"菜单

（2）打开模特（OBJ），如图 2-42 所示。

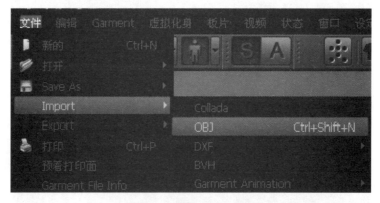

图2-42　"打开模特"菜单

5. 打开和保存姿态文件

在 CLO3D 中可以打开和保存姿态文件（*.pos），一旦载入完成，模特的姿态便会自动地变为新的姿态，模拟模式也将打开，把服装试穿到新姿态的模特上。具体命令及操作方法如下。

（1）打开姿态，如图 2-43 所示。

姿态打开前　　　姿态打开后

图2-43　"打开姿态"菜单

（2）播放和停止姿态过渡，如图2-44所示。

（3）保存姿态，如图2-45所示。

图2-44　"姿态过度开关"菜单

图2-45　"保存姿态"菜单

6. 打开和保存动作文件

在CLO3D中可以打开和保存动作文件（*.mtn），只有当模特模型打开并且该模特模型的动作是以COLLADA文件格式保存的时候，动作才能够保存。具体命令及操作方法如下。

（1）打开动作，如图2-46所示。

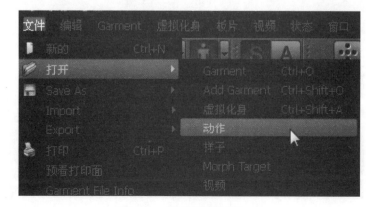

图2-46　"打开动作"菜单

（2）保存动作，如图2-47所示。

图2-47　打开和保存动作命令功能列表

7. 打开和保存动态文件

在CLO3D中可以打开和保存动态文件（*.anm），在这个软件中所有的。在软件中，所有服装的动态和模特的动作都可以进行记录，保存和载入。如果对动态特征不熟悉，可先参考动态（动画）模拟章节的内容介绍。在载入动态文件（*.anm）前，为了能够进行动态记录，需

要载入衣服文件（*.pac）和模特文件，如果衣服文件和模特文件与动态（动画）文件不一致，动态（动画）效果将不会正确显示。具体命令及操作方法如下。

（1）点击 A 按钮，打开动态（动画）模式，如图2-48所示。

（2）载入使用过的服装，如图2-49所示。

图2-48　动态（动画）模式

图2-49　载入服装

（3）点击 按钮来载入动态（动画）。然后载入的动态（动画）会显示在"动态编辑器"面板中，如图2-50所示。

图2-50　载入动态（动画）

（4）点击 保存按钮，会弹出"动态保存"对话框，可以指定需要保存的部分，如图2-51所示。两个选项的作用如下：

① 全部：保存整个服装动画数据。

② 只放像的部分：只保存播放部分的服装动画数据。

图2-51　打开和保存动态文件功能

8. 导出动态(动画)

动态(动画)文件可以导出到其他三维软件中,如 3DS MAX 和 MAYA,利用这些三维软件中的高质量渲染器对动态(动画)进行渲染,可以制作仿真时装秀。具体命令及操作方法如下。

(1)以 OBJ 序列导出,点击 文件 > 导出 > 服装动态 >OBJ 序列,可以把动态以 OBJ 文件序列的形式导出,会产生较多 OBJ 文件,请新建文件夹存放,如图 2-52 所示。在导出选项对话框中进行设置,点击 "OK" 按钮后,开始导出,此过程比较耗时,如图 2-53 所示。

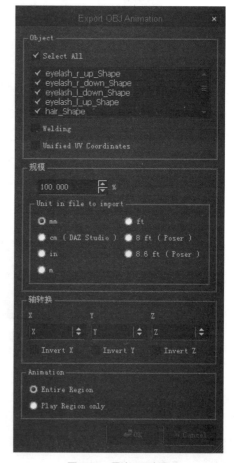

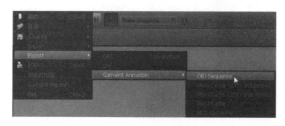

图2-52　OBJ序列导出

图2-53　导出OBJ选项

（2）以 MAYA 缓存的形式导出，点击"文件 > 导出 > 服装动态 >MAYA Cache" 将动画作为一个 MAYA 缓存文件（.mc）导出，并在导出对话框中进行设置，如图 2-54 所示。

图2-54　MAYA形式导出

（3）以 Point Cache 2 的形式导出，点击"文件 > 导出 > 服装动态 > Point Cache 2"将动画作为一个 MAYA 缓存文件（.pc2）导出，并在导出对话框中进行设置，如图 2-55 所示。

图2-55　Point Cache 2形式导出

（4）以 MDD Cache File 的形式导出，点击"文件 > 导出 > 服装动态 > MDD Cache File"将动画作为一个 MAYA 缓存文件（.pc2）导出，并在导出对话框中进行设置，如图 2-56 所示。

图2-56　MDD Cache File形式导出

9. 导入和导出 OBJ 文件

在 CLO3D 中可以将 OBJ 文件作为环境贴图或模特导入。服装不会与周围的物体碰撞，但是模特却有可能与周围物体碰撞。如果保存了一个与 OBJ 文件名相同的 MTL 文件（Material Library File，是材质库文件，描述的是物体的材质信息），模特变形则有可能在 OBJ 文件导入的时候发生。具体命令及操作方法如下。

（1）导入 OBJ，点击 文件 > 导入 >OBJ，在弹出的导入 OBJ 对话框中进行属性设置，说明如下：

① 对象类型（Object Type）：载入类型有按模特载入（Load as Avatar）、按环境物体载入（Load as Environment Object）、按变形目标载入（Load as Morph Target）三个选项，其中，选项二指的是载入的 OBJ 文件作为一个不会与服装碰撞的环境物体；选项三指的是载入的 OBJ 文件作为一个变形目标，选中后可以改变当前模特

的姿态和尺寸为新的模特，通过变形两个模特具有相同的网格拓扑结构。变形帧数：指的是变形动画中的帧数，数量越小，模特变形越快。

② 规模（Scale）：确认对象尺寸，COLD 3D 软件默认的尺寸单位是毫米（mm）；导入单位设置（Unit in file to import）选项中选择单位；自动规模（Auto Scale）选中后自动改变 OBJ 文件的比例。

③ 轴转换：变换三维坐标轴。

如图 2-57、图 2-58、图 2-59 所示。

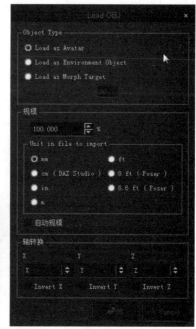

图2-57 导入OBJ命令及选项

图2-58 姿态改变

图2-59 尺寸改变

（2）导出 OBJ，点击菜单中文件 > 导出 >OBJ 命令执行后，在给导出的 OBJ 文件命名后，会弹出导出选项对话框，可对各选项进行设置，说明如下：

①比例（Scale）：确定对象尺寸，默认单位是毫米（mm）。

②对象（Object）：焊接（welding）是指连接缝纫线上重叠的顶点，若该选项未被选中，则服装会被分离成独立的样片；形状列表（Shape List）中选择要导出的形状。如图 2-60 所示。

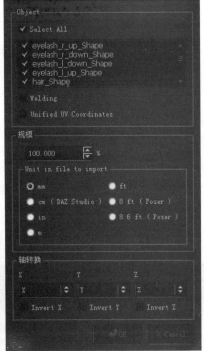

图2-60 导出OBJ命令及选项

10. 导入 COLLADA 文件

在 CLO3D 中可以在环境模型中导入

COLLADA 文件,具体命令及操作方法如图 2-61 所示。

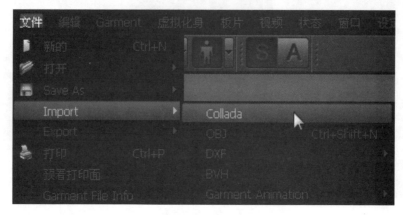

图2-61　导入COLLADA文件功能列表

11. 导入和导出 DXF-AAMA 文件

DXF-AAMA 是服装行业中使用的标准 CAD 格式。CLO3D 可以与较多服装 CAD 软件兼容,例如格柏(Gerber)、力克(Lectra)、派特(PAD)、Opitex、YUKA、StyleCAD、富怡(Richpeace)、智尊宝纺(Modasoft)、布易(ET)等服装 CAD 软件。但是由于各个服装 CAD 系统中的 DXF-AAMA 格式有不同之处,所以在载入到 CLO3D 的时候可能会出现失败,如果遇到此类问题,请将文件发送到 cadclass@126.com,或登陆 www.cadclass.cn(服装 CAD 网络课堂)反馈问题。本项具体命令及操作方法如下。

(1)导入 DXF。点击菜单 文件 > 导入 > DXF> 打开 / 增加,在该命令中,打开是新的 DXF,若样片窗口中已有样片文件,则会被替换;增加(Add)是在已有的样片上增加其他样片。

在 DXF 导入选项对话框中,进行设置,如图 2-62 所示:

① 文件:选择需要导入的 DXF 文件路径。

② 规模(Scale):进行导入单位和比例设置。

③ 选择(Option):交换外轮廓线与缝纫线,此选项在大部分的服装 CAD 软件中允许外轮廓线与缝纫线进行交换。如果在导入过程中线段已经被交换则可以把此选项打开。

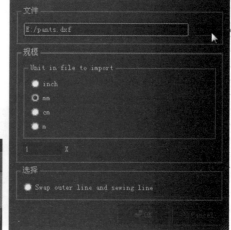

图2-62　导入DXF

（2）导出DXF。点击菜单中文件>导出>DXF，执行命令后，在选择好DXF存放目录后，在DXF导出选项对话框中选择导出的服装CAD类型即可，如图2-63所示。

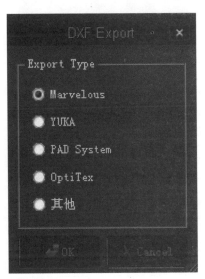

图2-63　导入/导出DXF-AAMA命令及选项

12. 打印

在CLO3D中可以打印样片窗口中的对象，打印的比例决定于和受限于单页纸张的大小。1:1样片的打印输出建议在服装CAD中进行。

具体命令及操作方法如下。

（1）打印预览（Print）。点击菜单中文件>打印预览，如图2-64所示。

（2）打印（Print）。点击菜单中文件>打印，

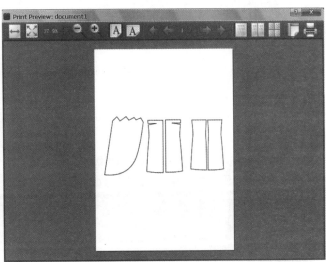

图2-64　打印预览

如图 2-65 所示。

图2-65　打印功能命令

二、编辑菜单

1. 撤销

撤销上一步的操作,快捷键是 Ctrl+Z。

2. 重做

返回上一步的操作,快捷键是 Ctrl+Y。

3. 删除

删除选中的对象,快捷键是 Del。

4. 复制

删除选中的对象,快捷键是 Ctrl+C。

5. 粘贴

将剪贴板中的对象进行粘贴,快捷键是 Ctrl+V。

6. 镜像粘贴

将剪贴板中的对象进行镜像粘贴,快捷键是 Ctrl+R。

三、服装菜单

1. 模拟(Simulate)

此命令同着装模拟工具条中的模拟命令 ▶️ ,即开始或停止着装模拟,有一般、完成、最好三种效果,可在属性窗口进行相应调节,快捷键是空格键。该开关打开后,软件进入模拟状态,可以展示一些模特的动作、服装的动态等效果,例如若在模特上拖动服装,服装会产生动态效果,但是此过程计算机运算量增大,对计算机硬件要求较高。

2. 改变为视频状态

此命令同着装模拟工具条中的动态(动画)状态开关命令 🅰 ,即将当前窗口状态改变为动态(动画)状态。

3. 改变为模拟状态

此命令同着装模拟工具条中的模拟状态开关命令 🆂 ,即将当前窗口状态改变为模拟状态。

4. 同步化(Synchronize,简写形式 Sync)

此命令同着装模拟工具条中的同步化开关命令 🔄 ,在模特窗口和纸样窗口直接进行样片、缝线、印制材质等对象的同步化,当同步化开关打开的时候,在样片窗口中对样片所进行的变化将直接反应在模特窗口中进行放置或试穿的服装上面。需要注意的是,样片同步化后会变为蓝色。具体命令及操作方法如图 2-66 所示。

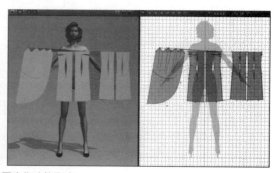

图2-66　同步化功能列表

5.样片

对模特窗口中的模拟裁片进行处理,主要包括以下命令:

（1）初始化所有裁片（Reset to Default Arrangement）：点击该命令后,模特窗口中所有裁片位置初始化（所有样片在单一轴上排列）,快捷键是 Ctrl+W,如图 2-67 所示。

图2-67　模特窗口裁片位置初始化

（2）再安排全部裁片（Rearrange All Patterns）：点击该命令后,模特窗口中所有裁片重新放置在模特身体周边（模拟前的最近一次样片的三维放置）,快捷键是 Ctrl+E,如图 2-68 所示。

图2-68　模特窗口再安排全部裁片

（3）再安排裁片（Rearrange Pattern）：点击该命令后，模特窗口中选中的裁片重新放置在模特身体周边（模拟最近一次样片的三维放置），也可以在模特窗口中，在目标裁片上单击鼠标右键，在弹出的菜单中选择该命令，如图2-69所示。

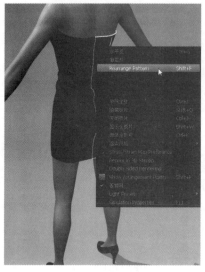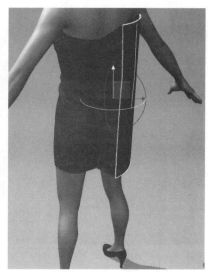

图2-69　模特窗口再安排某一裁片

（4）水平反（Flip Horizontally）：在模特窗口中选中裁片，然后执行该命令，可以让裁片在Y轴方向旋转180°，快捷键是Ctrl+G。也可以在模特窗口中，在目标裁片上单击鼠标右键，在弹出的菜单中选择该命令，如图2-70所示。

（5）垂直反（Flip Vertically）：在模特窗口

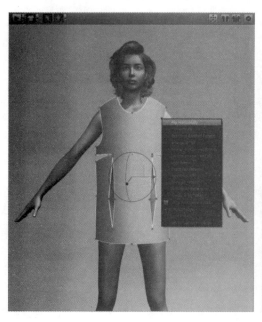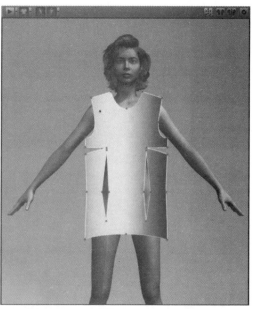

图2-70　模特窗口裁片水平反

中选中裁片,然后执行该命令,可以让裁片在 X 轴方向旋转 180°。也可以在模特窗口中,在目标裁片上单击鼠标右键,在弹出的菜单中选择该命令,如图 2-71 所示。

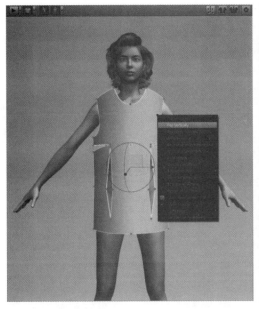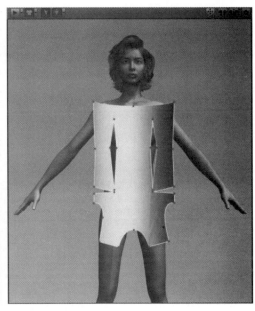

图2-71 模特窗口裁片垂直反

（6）隐藏裁片：在模特窗口中选中裁片,然后执行该命令,可以让裁片隐藏,快捷键是 Shift+Q。也可以在模特窗口中,在目标裁片上单击鼠标右键,在弹出的菜单中选择该命令,如图 2-72 所示。

（7）显示全部裁片：执行该命令后,模特窗

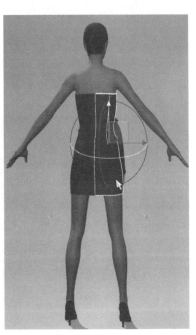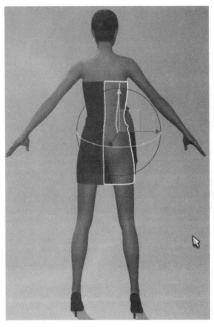

图2-72 模特窗口隐藏裁片

口中所有被隐藏的裁片会全部显示出来,快捷键是 Shift+W。

6. 针

（1）加和消除:选中此命令后,点击模特窗口中的服装,会在点击位置增加一个针点,在模拟状态下,拖曳服装,该针点位置的样片固定不动,"加针"的快捷键是"W"。

（2）取消全针:选中此命令,模特窗口中服装上的针点全部取消,快捷键是"Ctrl+/"。

7. 显示服装

点击此命令,显示或隐藏模特窗口中的服装。

8. 显示缝线

点击此命令,显示或隐藏模特窗口中的服装上的缝迹线,快捷键是"Shift+S"。

9. 显示针

点击此命令,显示或隐藏模特窗口中的服装上的"针点"。

10. 显示线段长度

点击此命令,显示或隐藏模特窗口中的服装上各边线的长度。

11. 渲染风格

该菜单下包含了6种渲染风格,如图 2-73 所示。

图2-73 渲染风格

（1）浓密纹理表面（Thick Textured Surface）,选择此项,模特窗口中的服装正反面均会同样方式显示,快捷键是"Alt+1"。

（2）纹理表面（Textured Surface）,选择此

项,模特窗口中的服装区分正反面,快捷键是"Alt+2"。

（3）Monochrome Surface,即黑白表面,选择此项,模特窗口中的服装以黑白单色显示,快捷键是"Alt+3"。

（4）网格,选择此项,模特窗口中的服装以网格形式显示,快捷键是"Alt+4"。

（5）Stress Map,即应力图,选择此项,模特窗口中的服装以过渡色显示服装的受力情况,如图 2-74 所示,快捷键是"Alt+5"。

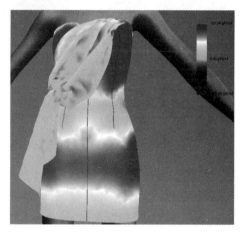

图2-74 模特窗口裁片应力示意图

（6）Strain Map,即张力图,选择此项,模特窗口中的服装以过渡色显示服装的受力情况,如图 2-75 所示,快捷键是"Alt+6"。

图2-75 模特窗口裁片张力示意图

12. 压力和拉力映射参数选择（Stress or Strain Map Preference）

选择此命令后，在弹出的对话框中对"压力和拉力"进行设置，包括类型和范围、单位、显示等选项，如图2-76所示。

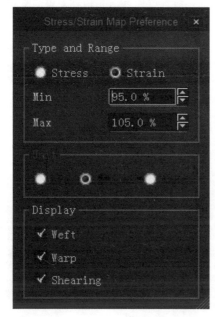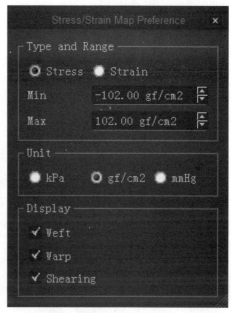

图2-76　裁片压力和拉力映射参数

13. 模拟质量

选择此命令后，可在属性窗口中对模拟属性进行设置，如图2-77所示。

14. 模拟属性

选择此命令后，可在属性窗口中对模拟属性进行相应设置，快捷键是"F11"。

图2-77　模拟质量参数

四、模特菜单

1. 打开动作

选择此命令,将会打开模特行走的动画。

2. 显示模特

显示或隐藏模特窗口的模特。

3. 显示放置点(Arrangement Points)

可以使用"放置点"功能在模特窗口中较为轻松将样片放置在模特周围,放置点标明了人体关键部位,例如胸围、腰围、袖子和腕关节等。选中要放置的样片,然后单击要试穿位置附近的一个放置点,裁片将参照放置点作为其自身的中间点,在试穿位置区域移动并把自身包裹进去。

放置点是置于边界放置容器上(BVs),边界放置容器是指围绕在模特身体各部分的覆盖面。放置点和BVs可以在对象浏览器中进行编辑。具体命令及操作方法如下。

(1)显示放置点。点击菜单中模特 > 显示放置点或点击模特窗口工具条中的  按钮,或在模特窗口中单击鼠标右键,选中显示放置点的菜单命令,如图 2-78 所示。

(2)放置裁片,如图 2-79 所示。

图2-78　显示放置点

裁片放置完成后,通过属性编辑面板的"放置"选项中各选项进行裁片位置的编辑。

放置点(Arrangement Point):显示裁片参照的放置点;

形状类型(Shape Type):使裁片变曲面或平面;

X 位置(Position X):在放置 BV 面上调整裁片的 X 位置;

Y 位置(Position Y):在放置 BV 面上调整裁片的 Y 位置;

偏移量(Offset):调整距放置 BV 面的偏移量,曲率会相应地发生改变;

方向(Direction):调整裁片在放置 BV 面上的方向;

垂直翻转(Vertical Reverse):将裁片在垂直方向上翻转,也可以在模特窗口中单击右键选择此功能;

水平翻转(Horizontal Reverse):将裁片在垂直方向上翻转,也可以在模特窗口中单击右键选择此功能。

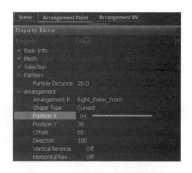

图2-79　放置裁片属性编辑器

（3）编辑放置点。

① 增加：

选中某一裁片，单击点击对象浏览窗口中的"放置点"标签，然后点击"增加"（Add）按钮创建一个新的放置点；点击新增加的放置点，在属性窗口的基本信息目录中点击名字右侧更

改名称；在放置目录中点击"放置 BV 面"右侧，选择一个放置板，以放置放置点；可以通过调整下方的 X、Y、偏移（Offset）参数调整放置点的水平、垂直位置及该点与放置 BV 面的偏移距离。具体如图 2-80 所示。

② 删除：选中某一裁片，单击点击对象浏

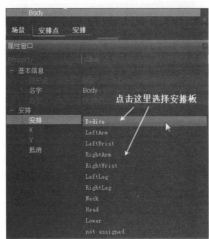

图2-80 增加放置点

览窗口中的"放置点"标签，在"放置点"列表中选中要删除的"放置点"，然后点击"删除"按钮，便可将该"放置点"删除，如图 2-81 所示。

③ 打开：在放置点标签中点击"打开"按钮，在弹出的对话框中选择需要打开的"*.arr"格式的文件，如图 2-82 所示。

④ 保存：在放置点标签中点击"保存"按钮，在弹出的对话框中保存做好的 "*.arr"格式的文件，如图 2-83 所示。

图2-81 删除放置点

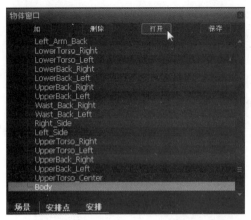

图2-82　打开放置点

图2-83　保存放置点

（4）编辑"放置BV面"。

① 显示：点击模特窗口中的"显示模特"右侧的小三角，在弹出的下拉菜单中选择"显示放置面"，如图2-84所示。

② 增加：在对象浏览器中点击"放置BV面"标签，然后点击"增加"按钮，便可以创建一个新的放置BV面。

如图2-85所示，创建了一个新的"Pan"放置BV面。

图2-84　保存放置点

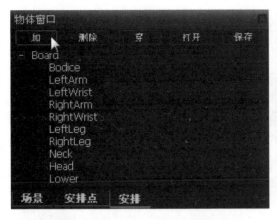

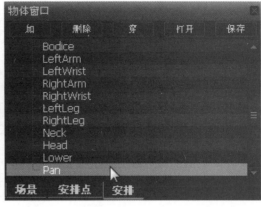

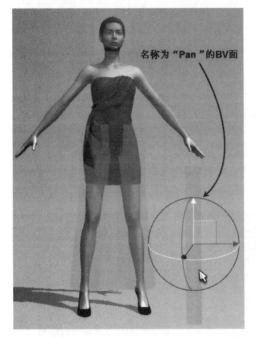

图2-85 增加BV面

在对象属性浏览器中点击"Pan",该面的属性便显示在属性编辑器中。可以在这里对该BV面的位置,高度及半径进行设置。若要移动或旋转BV面,则使用放置球。

现将BV面属性面板的详情介绍如下。

基本信息(Basic Info):名称(Name),表示选中BV面的名称。

放置面板:接合名称0(Joint Name 0),设置连接到BV放置面底部的接合处;接合名称1（Joint Name1),设置连接到BV放置面顶部的接合处;高度,调整BV放置面的高度;X的半径,调整X轴的半径, ▬ ;Y的半径,调整Y轴的半径, ▮ 。

③ 删除:点击BV放置面列表中需要删除的BV放置面,然后单击"删除"按钮便可以把该安排面删除,如图2-86所示。

图2-86　删除BV面

④ 试穿:"试穿"操作将基于当前模特的姿势创建 BV 放置面。在 BV 放置面标签中单击

"试穿"按钮,如图 2-87 所示。

⑤ 打开:点击 BV 放置面标签中的"打开"

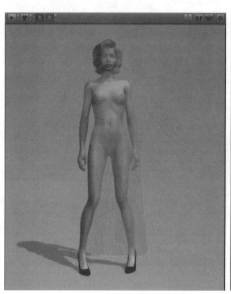

图2-87　试穿BV面

按钮,可以打开一个"*.pan"文件。

⑥ 保存:点击 BV 放置面标签中的"保存"按钮,可以讲当前的 BV 放置面保存为一个"*.pan"文件。

4. 显示放置面

点击该命令,可以在模特窗口中显示绿色的安排面,快捷键是 Shift+G。

5. 显示 X-Ray(射线)关节点

点击该命令,在模特窗口中可以显示绿色的关节点。

6. 渲染风格

该命令下面包含三个子命令,分别是:纹理表面(Textured Surface)、单色表面(Monochrome Surface)、网格,如图 2-88 所示。

  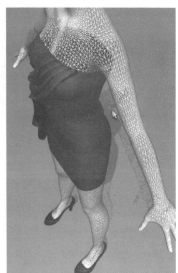

纹理表面　　　　　　　　　单色表面　　　　　　　　　网格

图2-88　渲染风格示意图

7. 模特属性

点击后会显示模特属性面板。

五、样片菜单

样片菜单下的各个命令主要是对样板窗口中的平面样片进行创建、编辑、缝线及纹理编辑等处理。主要包括样片、缝线、纹理、网格和样片窗口属性等五个子菜单。

1. 样片

该子菜单下面所包含的命令主要是对样片轮廓及内部线进行各种处理。

（1）编辑样片命令(快捷键 Z)，具体如下。

① 选择和移动样片 。选中样片编辑工具，按下鼠标左键并拖动样片便可以将样片在样板窗口中移动。如果要选择多个样片，那么在点击样片的同时按住键盘的 Ctrl 键或 Shift 键。

在使用样片编辑工具选中样片后，可以对样片上单独的点和线进行选择和编辑，并通过点击拖动实现其移动。如果要选择多个点和线，那么在点选的同时按住键盘的 Ctrl 键或 Shift 键，如图 2-89 所示。

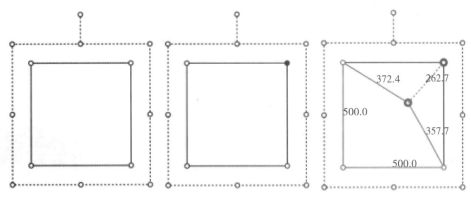

图2-89　删除BV面

②垂直、水平、斜向移动样片 🖰+Shift。在拖动一个点或一条线的时候,按下 Shift 键,

对齐轴线的导航线将会显示出来并让拖动操作按导线进行,如图 2-90 所示。

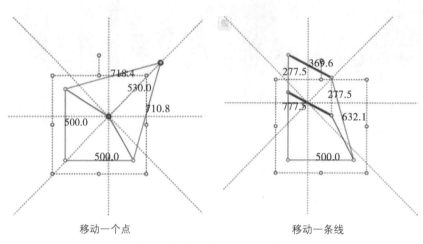

移动一个点　　　　　　　　移动一条线

图2-90　垂直、水平、斜向移动样片

③沿直线斜率移动 🖰+Ctrl。在拖动一个点的时候,按下 Ctrl 键,导线将会出现,并沿

两线与点连接,如图 2-91 所示。

④按指定长度移动 🖰。按指定数值移动

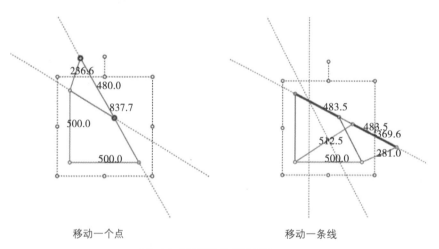

移动一个点　　　　　　　　移动一条线

图2-91　沿直线斜率移动样片

的操作方法是,在使用左键拖动一个点或一条线的同时,单击右键,在弹出的对话框中输入数值。这个操作也可以在使用 Ctrl 键或 Shift 键沿轴线或角度移动的时候使用,如图 2-92 所示。

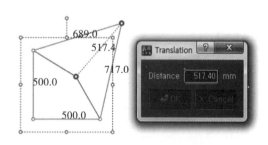

图2-92　按指定长度移动样片

⑤ 使用方向键移动。可以使用键盘上的"方向键"移动一个点、一条线或一个样片。在默认的情况下，对象会按照 100mm 的间隔移动。例如，按一下左方向键，单位移动距离是100mm，如图 2-93 所示。

可以在样片菜单中的样片编辑属性中改变默认的单位距离，如图 2-94 所示。

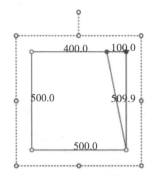

图2-93 使用方向键移动

图2-94 移动步距属性

（2）创建多边形样片（快捷键 A）、矩形样片（快捷键 S）、圆形样片（快捷键 W），具体命令及功能操作如下。

① 多边形样片 。选中多边形样片工具，在样板窗口中点击便可以绘制出一个多边形，完成样片需要点击起点。若在多边形的局部创造曲线，则在点击的时候按 Ctrl 键，如图 2-95 所示。

② 矩形样片 。选择矩形样片工具，在样板窗口中点击并拖动便可以创建一个矩形，松开鼠标按键则完成矩形样片。如果要按照指定的长度和宽度创建矩形，那么需要在样板窗

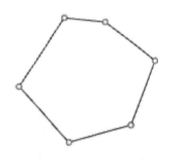

图2-95 多边形样片

口中单击并松开鼠标左键，一个输入数值的对话框会弹出，在该窗口中输入矩形的宽度和长度数值，便可以完成定值矩形的创建，如图 2-96 所示。

图2-96 矩形样片

③圆形样片 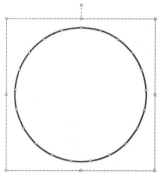。选择圆形样片工具,点击并拖动绘制一个圆,释放鼠标键完成一个圆形样片。如果要按指定的半径和位置创建圆形样片,那么需要在该命令下点击并释放鼠标左键,在随后弹出的对话框中输入指定的数值,如图2-97所示。

图2-97　圆形样片

（3）创建内部线和多边形(快捷键G)、内部矩形(快捷键F)、内部圆形(快捷键R)、省(快捷键D),具体命令及功能操作如下。

① 内部线和多边形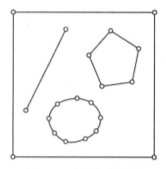

选中内部线工具,在某一样片内部点击各点,可以绘制一个内部形状。绘制多边形的时候,完成需最后点到起始点上;绘制线段的时候,在终点双击鼠标左键即可生成一条线段;在绘制多边形的曲线边时,在点击点的时候按下Ctrl键可以画自由曲线,如图2-98所示。

② 内部矩形

选中内部多边形工具,在某一样片内,点击并拖动鼠标便可以绘制一个内部多边形,松开

图2-98　内部线/多边形

鼠标便完成样片。若要创建定值的内部多边形,则在样片内点击一下鼠标左键,在弹出的对话框中输入对应的宽度和高度数值即可,如图2-99所示。

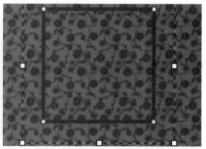

图2-99　内部矩形

③ 内部圆

选中内部圆工具,在某一样片内,点击并拖动鼠标便可以绘制一个内部圆,松开鼠标便完成样片。若要创建定值的内部圆,则在样片内点击一下鼠标左键,在弹出的对话框中输入对应的圆半径数值即可(X 和 Y 表示在样板窗口点击鼠标的位置),如图 2-100 所示。

④ 省道 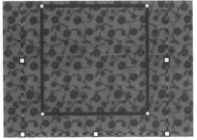。

图2-100 内部圆

选中省道工具,在某一样片内,点击并拖动鼠标便可以绘制一个内部省道,松开鼠标便完成。若要创建定值的省道,则在样片内点击一下鼠标左键,在弹出的对话框中输入以省道中心点为基准的左右宽度和上下高度即可(注:点击鼠标的位置为省道的中心点),如图 2-101 所示。

图2-101 省道

(4)加点和分线(快捷键 X)、变换曲线(快捷键 C)、加曲线点(快捷键 V)、对称展开(Unfold 快捷键 Ctrl+F),具体命令及功能操作如下。

① 加点和分线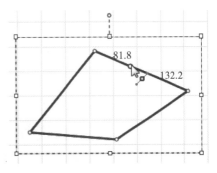

选中加点工具,单击某条线便可在该线上加点,如图 2-102 所示。

在线上单击右键,在弹出的对话框中输入对应的长度或比例,便可按定值在线上加点。若选中"Uniform split"选项,输入想要的等分数,就可以等分线段,如图 2-103 所示。

图2-102 加点/分线

(注:删除点的方法是选中选择工具 ,单击要删除的点,然后按 Delete 键便可将点删除。)

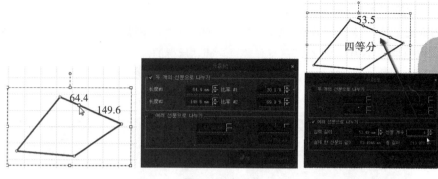

图2-103　等分线

② 变换曲线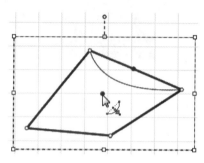

选中变换曲线工具,点击并拖动需要变成曲线的线段即可,如图 2-104 所示。

(注:编辑或删除曲线的方法是选中选择工具 ,点曲线外的曲线点,用鼠标拖动曲线点可实现曲线形状变换,按 Delete 键或 Backspace 键便可删除该曲线点)

图2-104　变换曲线

③ 加曲线点

选中加曲线点工具,在曲线段上移动鼠标的时候,会显示曲线点及各部分线段的数值,点击线段便可以增加一个曲线点(注:该曲线点在曲线上),如图 2-105 所示。

(注:编辑或删除曲线的方法是选中选择工具 ,点曲线上的曲线点,用鼠标拖动曲线点可实现曲线形状变换,按 Delete 键或 Backspace 键便可删除该曲线点)

④ 对称展开 Unfold

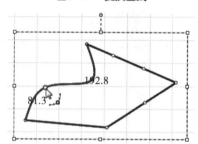

图2-105　加曲线点

该命令可以在菜单中选择,也可以在样板窗口中,选中选择工具 ,右键单击某条对称线,便可实现样片的对称展开,如图 2-106 所示。

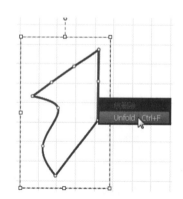
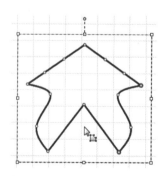

图2-106　对称展开

（5）水平翻转（快捷键 Ctrl+U）、垂直翻转（快捷键 Ctrl+I）、逆时针旋转（快捷键 Ctrl+,）、顺时针旋转（快捷键 Ctrl+.），具体命令及功能操作如下。

① 水平翻转（快捷键 Ctrl+U）

对样片以水平方向进行对称翻转，如图 2-107 所示。

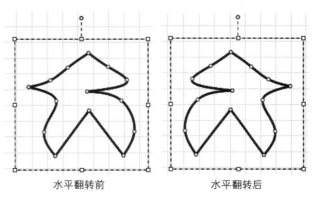

水平翻转前　　　　　　水平翻转后

图2-107　水平翻转

② **垂直翻转（快捷键 Ctrl+I）**

对样片以垂直方向进行对称翻，如图 2-108 所示。

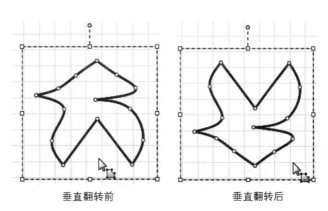

垂直翻转前　　　　　　垂直翻转后

图2-108　垂直翻转

③ **逆时针旋转（快捷键 Ctrl+,）**

按逆时针方向每次旋转 90°，如图 2-109 所示。

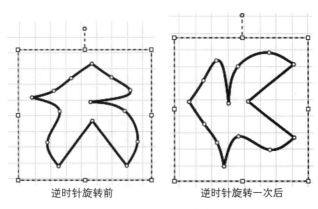

逆时针旋转前　　　　　逆时针旋转一次后

图2-109　逆时针旋转

④ 顺时针旋转（快捷键 Ctrl+.）

按顺时针方向每次旋转 90°，如图 2-110 所示。

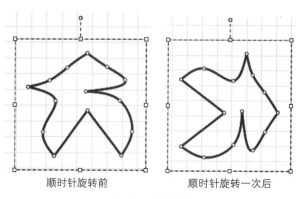

顺时针旋转前　　　　　　顺时针旋转一次后

图2-110　顺时针旋转

（6）显示样片相关信息，具体命令及功能操作如下。

① 显示样片名称（快捷键"Shift+N"）

显示样片名称命令会显示各个样片的名称，该名称可以通过使用选择工具 ▇ 选中某一样片，然后在样片属性中进行修改，如图 2-111 所示。

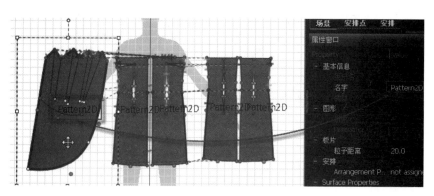

图2-111　顺时针旋转

② 显示基础线（快捷键为"："）

显示基础线的目的是将其他 CAD 制作的 DXF 文件所包含的类似布纹线、剪口、折边等标记符号基础线进行显示或隐藏，如图 2-112 所示裤子的布纹线。

③ 显示线的长度（快捷键"Shift+Z"）

此命令用于显示构成样片各个线段的长度，也可以在样板窗口中单击右键选择此命令，如图 2-113 所示。

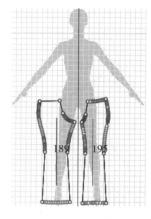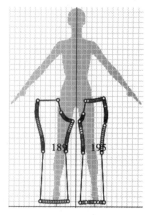

图2-112　显示基础线

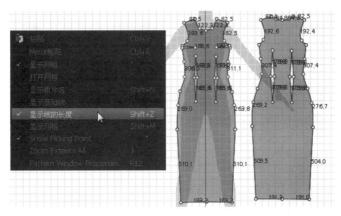

图2-113　显示线的长度

④ 显示网格(快捷键"Shift+M")

显示网格这里指的是显示或隐藏根据样片和内部线条所构成的三角形网格,如图 2-114 所示。

⑤ 显示拾取点(Picking Point)

显示拾取点是指当在模特窗口中点击衣服的时候,在样板窗口中会在该衣服对应的样片上显示或隐藏一个蓝色的对应点,如图 2-115 所示。

⑥ 显示全部样片(快捷键为")")

图2-114　显示网格

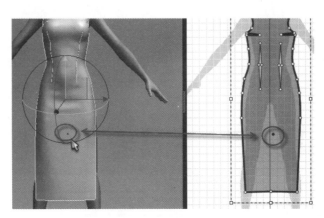

图2-115　显示拾取点

显示全部样片是指在样板窗口中显示全部的样片。

2. 缝线

(1)编辑缝线(快捷键为"B"),具体命令及功能操作如下。

① 编辑缝线 （快捷键为"B"）

用于移动缝线、调整缝纫长度、变换切口方向。选中该命令后,拖动缝纫线可以改变缝线的位置;拖动缝线的起点或终点,可以改变缝线的长度,如图 2-116 所示。

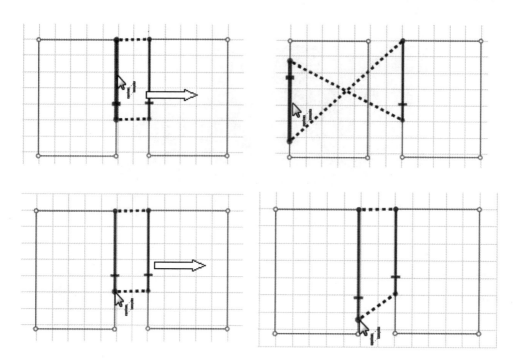

图2-116 编辑缝线

② 删除缝线 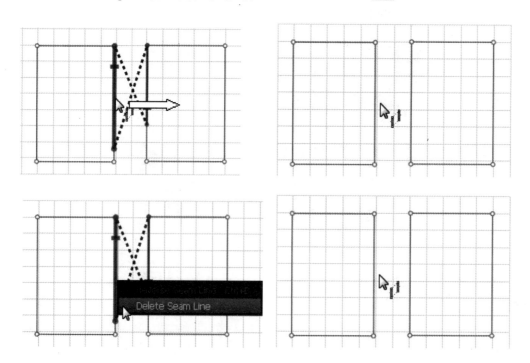（快捷键为"B"）

在此命令下，左键单击缝线，然后按键盘上的"Delete"或"Backspace"键可删除缝线。或

右键单击缝线，在弹出的菜单中选择删除命令，如图 2-117 所示。

③ 翻转缝线 （快捷键为"B"）

图2-117 删除缝线

在此命令下,右键单击缝线,可以结合右键菜单中的"翻转缝线"命令改变缝线的切口方向,如图 2-118 所示。

（2）线缝纫（快捷键为"N"）、自由缝纫（快

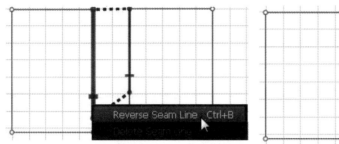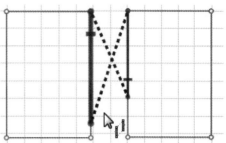

图2-118　删除缝线

捷键为"M"）,具体命令及功能操作如下。

① 线缝纫 ![image](快捷键为"N"）

选中线缝纫工具,点击要缝合的一条线,然后选择要缝合的另外一条线,确定缝合方向（有两个方向）,完成了线到线的缝合,如图 2-119 所示。

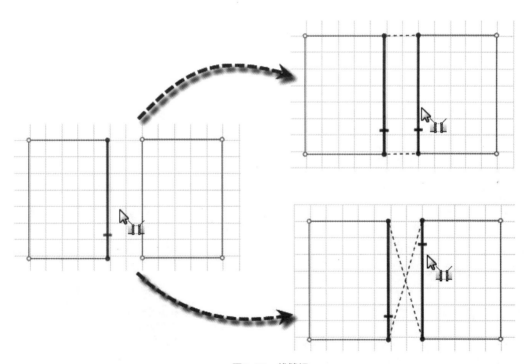

图2-119　线缝纫

② 自由缝纫 ![image](快捷键为"M"）

选中线缝纫工具,点击要缝合的一条线的起点和终点,然后选择要缝合的另外一条线的起点和终点,确定缝合方向（有两个方向）,完成了自由缝合,如图 2-120 所示。

（3）显示缝线（快捷键为"Shift+B"）,具体

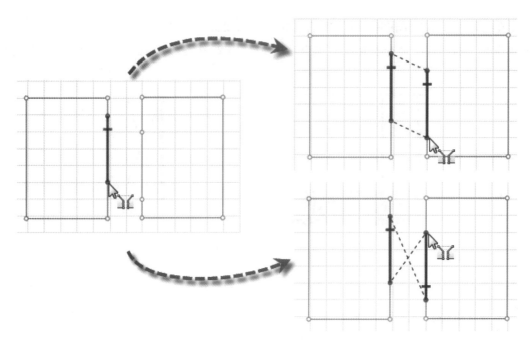

图2-120　自由缝纫

命令及功能操作如下。

显示缝线 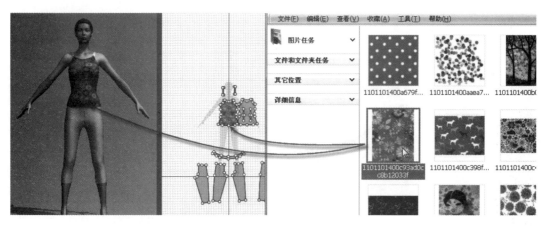（快捷键为"Shift+B"），该命令可以显示或隐藏缝线。

（4）翻转缝线(快捷键为"Ctrl+B")、删除缝线请参照上面的"编辑缝线"命令说明。

3.纹理(面料设置)

（1）为样片添加纹理(面料)，具体命令及功能操作如下。

①拖曳法添加

首先打开一个包含纹理(面料)图片的文件夹，然后把图像拖曳至样板窗口的样片上或模特窗口的衣服上，如图2-121所示。

图2-121　拖曳法添加纹理（面料）

②路径查询法添加

选中样板窗口的样片上或模特窗口的衣服，

在属性窗口中的"表面纹理"选项中选择按钮，查找到需要添加的面料即可，如图2-122所示。

图2-122　路径查询法添加纹理（面料）

注意：如果使用 32 位的图像如 PNG、TGA、TIFF 等格式，可以渲染成透明的织物，如蕾丝的效果，如图 2-123 所示。

（2）编辑纹理（快捷键为"T"）、消除纹理，具体命令及功能操作如下。

图2-123　路径查询法添加纹理（面料）

① 编辑纹理 ——移动

选中该命令，在某一样片上拖动纹理的位置，如图 2-124 所示。

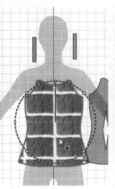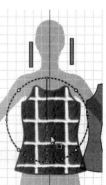

图2-124　路径查询法添加纹理（面料）

② 编辑纹理 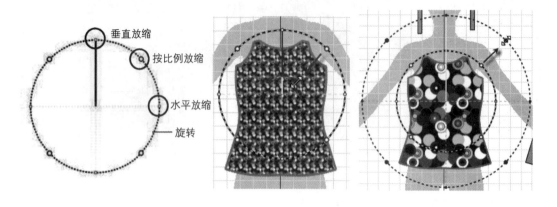——放大和缩小

在使用编辑纹理工具选择样片上的纹理时，会显示一个纹理编辑的圆形虚线线框，线框的用法如图 2-125 所示。

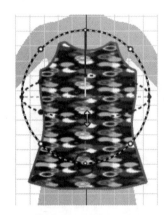

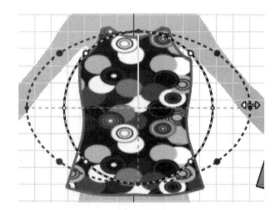

图2-125　放大/缩小纹理

在选中一个含有纹理的样片后，也可以在属性面板 "纹理变换信息" 选项中输入纹理的角度、宽度、高度、X/Y 位置等信息，如图 2-126 所示。

纹理变换信息	
角度	-360.00
宽度	337.51
高度	263.39
X的位置	-274.72
Y的位置	1165.95

图2-126　纹理变换信息

③ 编辑纹理 ——旋转

使用编辑纹理 选中一个含有纹理的样片，按下鼠标左键，将光标沿着黄色的圆形线框转动，便可以旋转纹理，旋转轴就是在样片上所点击的第一个点，如图 2-127 所示。

④ 消除纹理

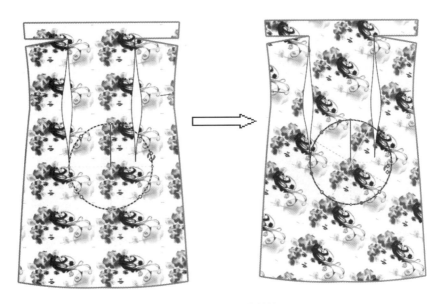

图2-127　旋转纹理

使用编辑纹理 选中一个含有纹理的样片,执行"消除纹理"命令,纹理便消除,如图

2-128 所示。

也可以使用样片编辑工具 ,在样片上单击

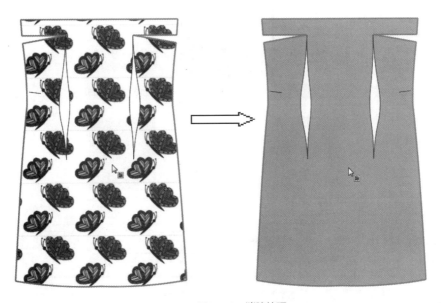

图2-128　消除纹理

鼠标右键,选择"消除纹理"选项,即可完成纹理的消除,如图 2-129 所示。

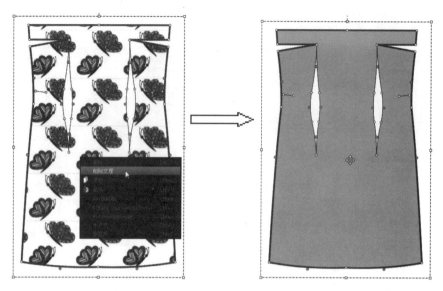

图2-129　右键消除纹理

（3）创建印花贴片（快捷键为"P"），具体命令及功能操作如下。

① 创建印花贴片 $\boxed{P}$（快捷键为"P"）

步骤一：点击"创建印花贴片"命令，在弹出的窗口中选择插入的图像，如图 2-130 所示。

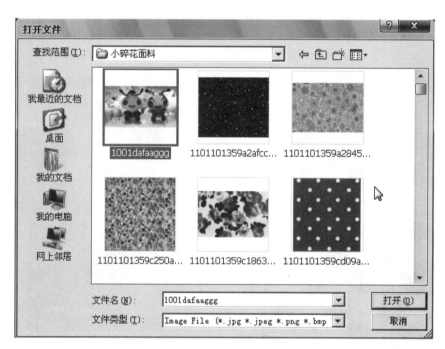

图2-130　印花贴片文件对话框

步骤二：点击需要插入印花贴片的样片，并在随后弹出的对话框中输入贴片的尺寸，如图 2-131 所示。

步骤三：点击同步化按钮 ⚫，贴片便会显示在模特窗口的服装上面，如图 2-132 所示。

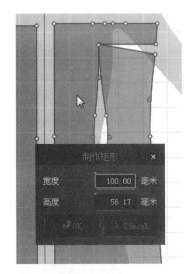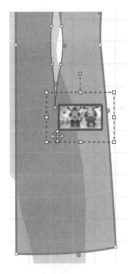

图2-131　设置贴片尺寸

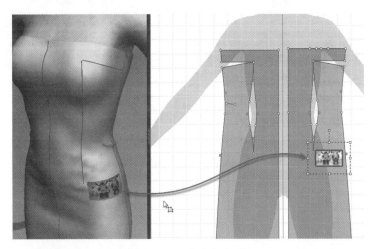

图2-132　同步贴片到三维

② 编辑印花贴片

贴片的整体尺寸可以使用样片编辑工具进行放缩。选择印花贴片，并移动到适当位置，当选中印花贴片时，在其四周会出现共8个

缩放控制点和1个旋转控制点，根据需要拖动贴片四周的控制点，实现印花贴片的编辑，如图2-133所示。

（4）显示纹理（快捷键为"Shift+T"），具体

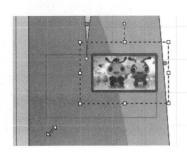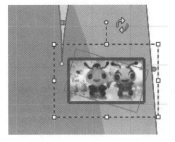

图2-133　编辑印花贴片

命令及功能操作如下。

　　显示纹理 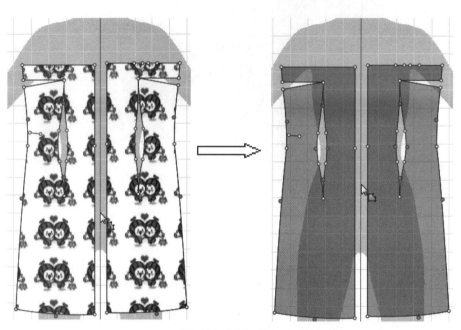（快捷键为"Shift+T"），该命令

实现样板窗口样片上纹理的显示或隐藏，而模特窗口的着装效果不受影响，如图2-134所示。

图2-134　显示纹理

4.网格

（1）显示网格（快捷键为"'"），显示或隐

藏样板窗口中的网格，快捷键是"'"（需要按"Shift+'"调用），如图2-135所示。

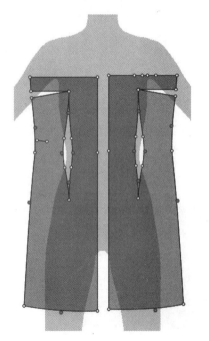
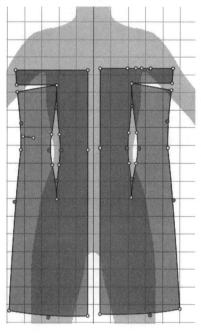

图2-135　显示网格

（2）打开网格（快捷键为"'"），以白色或灰色线显示样板窗口中的网格，快捷键是"'"，如图2-136所示。

5. 样片窗口属性（快捷键为"F12"）

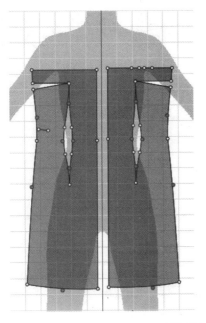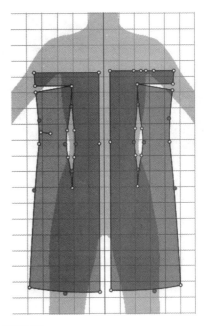

图2-136　打开网格

执行命令后打开样片样片窗口的属性窗口，可以根据需要对各项进行选择，如图2-137所示。

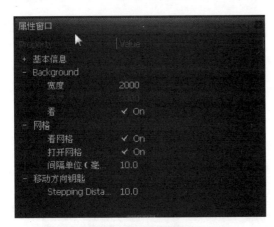

图2-137　样片属性窗口

六、视频菜单

1. 打开

当打开动作的时候，此命令完成动作的开始和停止。

2. 反复

讲模特行走区间进行反复播放。

3. 到开始

移动到播放区间的开始点。

4. 到结束

移动到播放区间的结束点。

5. 记录服装模拟

开始录制在模特行走时的服装模拟动作。

6. 视频动态速度

改变模特行走动作的速度。

七、状态菜单

1. Octane 渲染

为了使模特窗口的着装效果更佳逼真，可以使用 Octane 渲染插件。使用 CLO3D 制作，Octane 渲染的模特着装效果，如图2-138所示。

2. 3D 立体渲染

实现 3D 立体渲染效果，如图 2-139 所示两种状态。

图2-138　Octane渲染的模特着装效果图

图2-139　立体渲染效果图

3. 双向渲染

实现面料的正反面同时渲染，如图 2-140 所示。

4. 视角

在模特窗口中，CLO3D 提供了前（快捷键是"2"）、后（快捷键是"8"）、左（快捷键

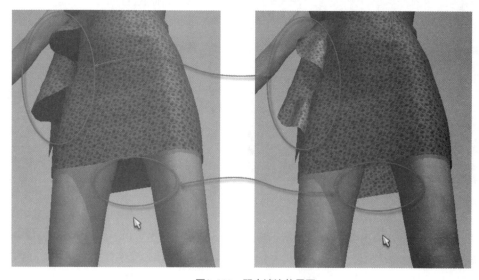

图2-140　双向渲染效果图

是"6")、右(快捷键是"4")、上(快捷键是 "1")等显示模特着装的3D视角,如图2-141
"5")、下(快捷键是"0")、3/4视角(快捷键是 所示。

视角	前（快捷键是"2"）	后（快捷键是"8"）	左（快捷键是"6"）	右（快捷键是"4"）
效果				
视角	上（快捷键是"5"）	下（快捷键是"0"）	3/4视角（快捷键是"1"）	
效果				

图2-141　模特着装的3D视角图

5. 光源

此命令下包含打开光源和定义光源的预设 体的形状出现在模特窗口中,对此锥形体进行
0-3个级别。点击打开光源,光源便以一个锥形 移动、旋转等操作,便可以改变光源的位置和方
向,如图 2-142 所示。

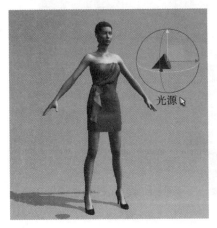
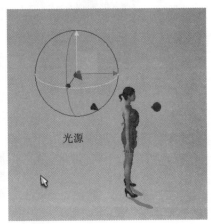

图2-142　光源示意图

6.阴影

在模特窗口中,显示或隐藏模特着装的阴

影效果,如图 2-143 所示。

7.背景

有阴影状态　　　　　　　　　　无阴影状态

图2-143　阴虚效果图

通过此命令,可以改变模特窗口的背景图片或颜色。菜单下面包含"显示背景图片"、"载入背景图片"和"改变背景颜色"三个子命令,

具体命令及功能操作如下。

① 显示背景图片

显示或隐藏背景,如图 2-144 所示。

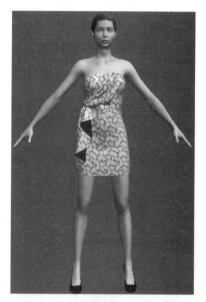

有背景状态　　　　　　　　　　无背景状态

图2-144　显示或隐藏背景

② 载入背景图片

单击此命令后,在弹出的对话框中选择需

要的背景图片,点 "打开" 按钮载入,如图 2-145 所示。

图2-145 载入背景图片

③ 改变背景颜色

点击该命令后,在弹出的对话框中选择需

要改变的颜色,确定即可改变背景颜色,如图 2-146 所示。

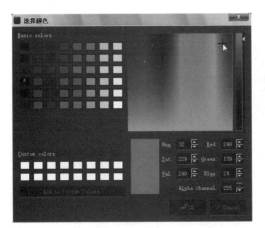

图2-146 改变背景颜色

8. 风(wind)

在模特窗口中设定风的效果,可以模拟出衣服在风吹动下各种形态,此命令下包含 "激活风"、"显示风"、"风属性" 三个子命令,具体命令及功能操作如下。

① 激活风(Activate Wind)

选择此命令后,再点击模拟按钮 ,在模特窗口中便可以看到风吹动衣服的效果。

② 显示风(Show Wind)

选择此命令后,风以一个圆锥形的形式出现,可以通过调节其位置和尖头方向来改变风的位置和风向,如图 2-147 所示。

图2-147 显示风

③ 风属性(Wind Properties)

点击风属性命令,在属性窗口中对风进行包括种类、强度、衰减程度、周期、规则程度等属性的调整,以满足不同场景着装效果的需要,如图 2-148 所示。

图2-148 风属性

9. Gizmo 线框

Gizmo 线框命令是为了方便用户进行三维坐标设置而采用的一种调节方式,CLO3D 中提供了屏幕坐标、本地坐标、世界坐标三种方式,如图 2-149 所示,用户可以自由选择几种坐标方式。其中 Gizmo 本地坐标方式主要是在模特在 X-ray 模式上设计动作时使用。

图2-149 Gizmo坐标方式

八、窗口菜单

1. 显示帧速率

选中此命令后,在动画窗口的右下角会显示帧速率信息。如图 2-150 所示。

Speed 68.26 fps F 0 I 0 P 0 C 0 0 0 A 2 R 157 T 157

图2-150 帧速率

2. 显示模特窗口尺寸

选中此命令后,在模特窗口的边界上,会显示出窗口的宽度和高度像素数值,如图 2-151 所示。

图2-151 模特窗口尺寸

3. 模特窗口屏幕拷贝(快捷键 F10)

选择此命令后,将模特窗口中的模特着

装效果以屏幕拷贝的形式保存为 PNG 格式的图片,可以把背景设置成透明,只截取模特和衣服,设置背景透明的方法是将颜色面板中的 Alpha channel 设置为"0"即可。

4. 模特窗口

选择此命令,可以显示或隐藏模特窗口。

5. 样板窗口

选择此命令,可以显示或隐藏样板窗口。

6. 物体(对象)窗口

选择此命令,可以显示或隐藏物体(对象)窗口。

7. 属性窗口

选择此命令,可以显示或隐藏属性窗口。

8. 视频编辑器

选择此命令,可以切换设计模式和动画模式。

9. 模特尺寸编辑器

若要修改模特的体形及各部位的**数据**,则需要按照以下几步来完成:

步骤一:选择菜单中文件 > 打开 > 虚拟化身(模特),如图 2-152 所示。

图2-152　菜单命令

步骤二:在弹出的对话框中定位到 CLO3D 安装目录的"Sizing"文件夹,如图所示 2-153 所示。

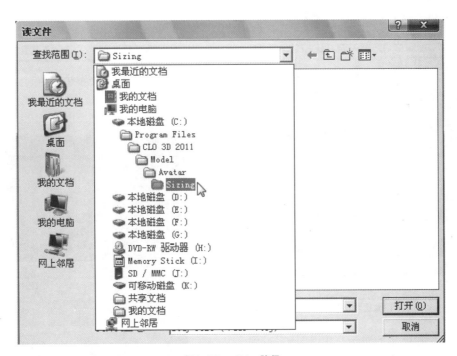

图2-153　Sizing路径

步骤三:选中此文件夹下的模特文件,单击"打开"按钮,在随后弹出的按钮中设置模特比例(默认即可),按"OK"完成,如图 2-154 所示。

图2-154　打开模特文件

步骤四：新的模特载入后，选择菜单中窗口>Avatar Size Editor（模特尺寸编辑器），在弹出的对话框中点"OK"按钮。

步骤五：随后打开的模特尺寸对话框中的数值暂不可调整，在此窗口中先点击"打开"按钮，如图 2-155 所示。

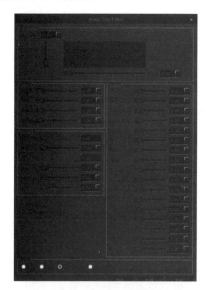

图2-155　模特尺寸编辑窗口
（不可编辑状态）

图2-156　打开模特尺寸文件

步骤六：在弹出的对话框中，同样定位到CLO3D 安装目录的"Sizing"文件夹，然后打开其中默认的模特尺寸文件，如图 2-156 所示。

步骤七：此时模特尺寸编辑器中的数值便可以更改了，如图 2-157 所示。

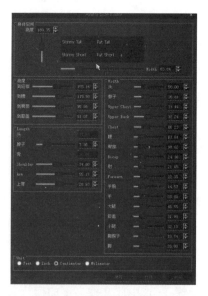

图2-157　模特尺寸编辑窗口
（可编辑状态）

步骤八：在模特尺寸编辑器中调整模特的身高、宽度及其他部位的尺寸，完成后点击"保存按钮"，在弹出的对话框中输入文件名称，点击"保存"即完成自定义的模特尺寸。设置的不同尺寸的模特体形，如图2-158、2-159所示。

11. 工具条和图标

此命令用于设置CLO3D软件界面上的工具图标的显示与隐藏，包含了"模拟""虚拟化身""安排""打开视频""视频文件""Mode""样片""缝线""纹理（面料）"等工具，如图2-160所示。

图2-158　保存模特尺寸

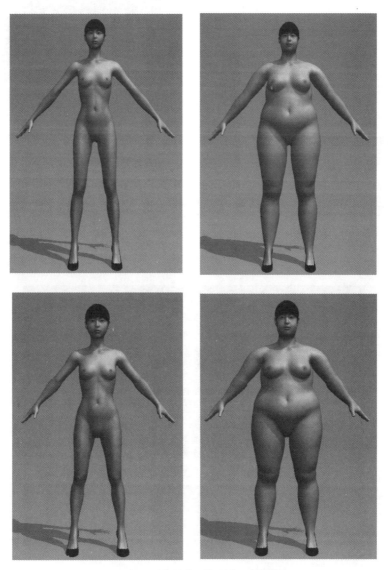

图2-159　系统默认四种模特尺寸效果图

图2-160　工具条显示与隐藏

九、设定菜单

1. 语言

此命令下包含了"阿拉伯语""中文""英文""韩文"等几个语种,选择对应语种后,重新启动CLO3D,软件界面将显示对应语种的操作界面,如图2-161所示。

图2-161　语言选项

2. 图形的选择

选择此命令后,弹出了图形选项,如图2-162所示。此处可以根据所使用的计算机配置来完成设置,一般情况下,计算机配置越高,对应选项值可以选的越高,CLO3D显示效果越好。对于性能一般的计算机,建议所有选项关闭,以免造成系统操作缓慢的情况。

图2-162　图形选项

3. 参数选项(Preference)

选择该命令后,在弹出的参数选项对话框中可以对软件操作的快捷键进行设置,设置的方法是点击某一条命令,然后直接按键盘上的键即可完成,如图2-163所示。

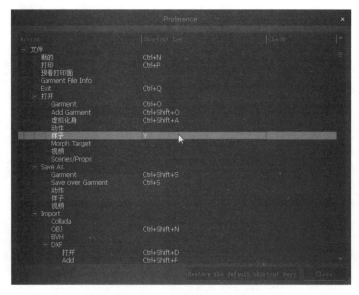

图2-163　参数选项

十、右键菜单

除了软件的主菜单外,为了能够快捷运行,CLO3D 在各个窗口中提供了右键菜单,例如模特窗口菜单、样板窗口菜单等。

1. 模特窗口右键菜单

在样板编辑命令下,在模特窗口的空白处,单击鼠标右键,弹出菜单,可以快捷设置视角、背景、光源、风等属性,如图 2-164 所示。

图2-164　模特窗口右键菜单

2. 模特身体上右键菜单

在样板编辑命令下,在模特身体上单击鼠标右键,弹出的菜单中可以快速设置模特的渲染风格、显示全板片等命令,如图 2-165 所示。

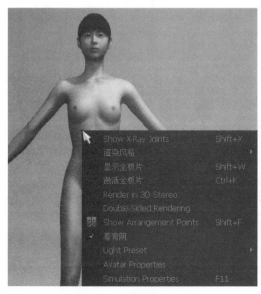

图2-165　模特上右键菜单

3. 服装上右键菜单

在样板编辑命令下,在模特衣服上单击鼠标右键,在弹出的菜单中可以快捷地设置样片的水平反、垂直反、重新安排样板等命令,如图 2-166 所示。

图2-166　服装商右键菜单

4. 样板窗口右键菜单

在样板编辑命令下,在样板窗口的空白处单击鼠标右键,在弹出的菜单中可以快捷的选择粘贴、显示网格、打开网格等命令,如图 2-167 所示。

图2-167　样板窗口右键菜单

071

5.样片上右键菜单

在样板编辑命令 下，在样板窗口的某一样片上单击鼠标右键，在弹出的菜单中可以选择删除、复制、水平反等命令，如图 2-168 所示。

6.点、线、缝线上右键菜单

在样板编辑命令 下，普通的点和线上单击鼠标右键，在弹出的对话框中可以方便的对其进行编辑；在缝线编辑命令 下，在缝线上单击鼠标右键可以对缝线进行快捷设置，如图 2-169 所示。

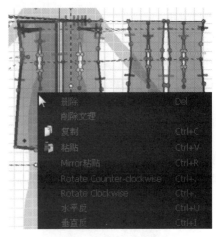

图2-168　样片上右键菜单

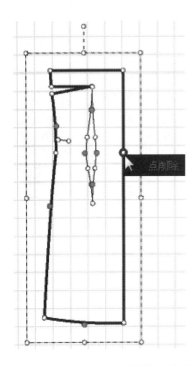

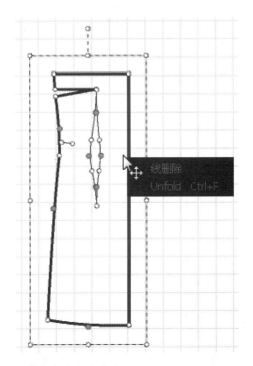

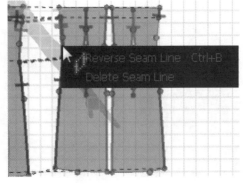

图2-169　点、线上右键菜单

第五节　三维造型设计快速入门

打开三维造型软件 CLO3D,点击菜单中文件 > 新的命令,或按快捷键 "Ctrl+N",新建一个文件,即模特窗口模特未着装,样板窗口无样片。通过下面一款简单女裙的三维造型设计步骤,来进行软件的快速入门。

一、创造样片

使用样片工具栏中的矩形工具,在样板窗口中,根据模特体形轮廓,绘制一个矩形,如图 2-170 所示。

二、样片修改

1. 使用样片工具栏中的编辑样片工具,在样板窗口中,根据模特体形轮廓,调整各点位置。

2. 使用变换曲线工具,对样片外轮廓进行调整,如图 2-171 所示。

三、样片二维转三维

1. 单击模特窗口右上方的同步化按钮,生成裙子的前裙片,如图 2-172 所示。

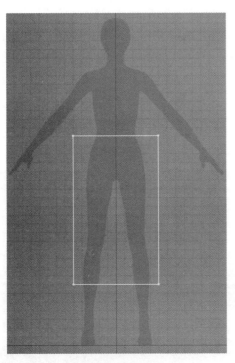

图2-170　创建矩形

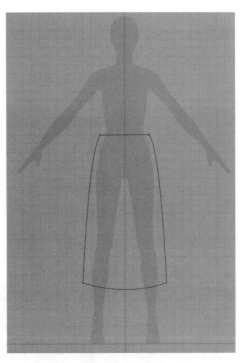

图2-171　样片修改

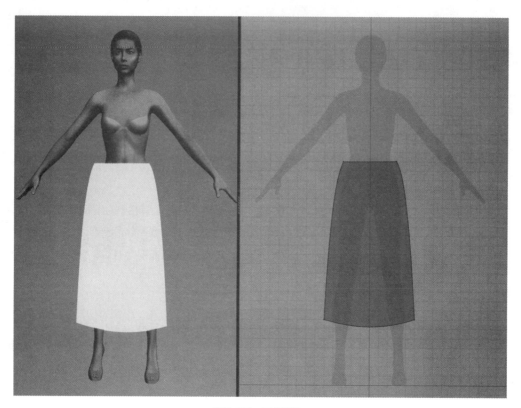

图2-172　同步样片

2.使用样片工具栏中的编辑样片工具 ，在样板窗口中,选中裙前片,在前裙片上单击鼠标右键,选择"复制"命令,然后在空白区域,再单击鼠标右键,选择"Mirror 粘贴"(镜像粘贴),粘贴的样片作为后片以待修改,如图 2-173 所示。

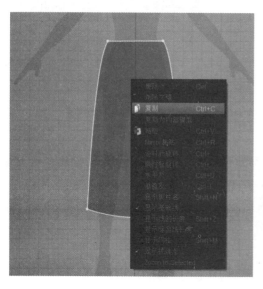

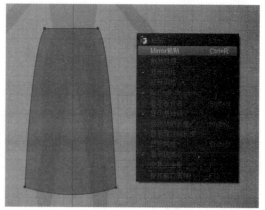

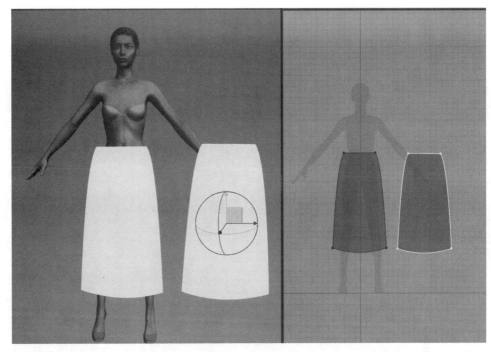

图2-173 复制样片

3. 在模特窗口中, 通过控制 "三维放置球" 将后片放置在模特的后方, 放置完成后, 在后片 上单击鼠标右键, 选择 "水平反", 可观察到后裙片正确的反正关系, 如图 2-174 所示。

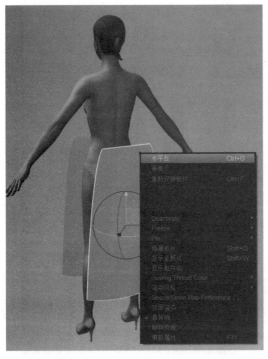

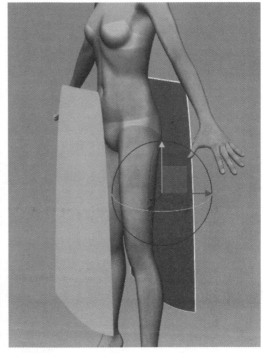

图2-174 样片三维放置

四、三维展示

1. 使用缝制工具栏中的线缝纫工具 ，在

样板窗口中,把前后裙片对应侧缝线进行缝合,如图 2-175 所示。

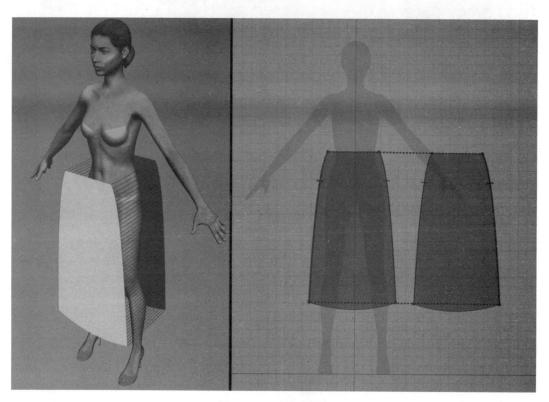

图2-175　裙片缝线设置

2. 单击模特窗口上方的模拟按钮 ，或按空格键,便可看到裙片在模特上的三维展示效果,如图 2-176 所示。

图2-176　三维虚拟缝合

第六节　三维造型设计实例

一、背心三维造型设计

1. 打开三维造型软件 CLO3D，点击菜单中文件 > 新的命令，或按快捷键 "Ctrl+N"，新建一个文件，即模特窗口模特未着装，样板窗口无样片，如图 2-177 所示。

2. 将样板窗口最大化，使用制作多边形工具 ，参照模特平面造型，绘制背心前半片外轮廓，如图 2-178 所示。

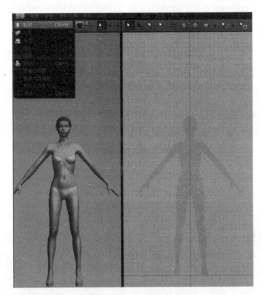

图2-177　新建文件

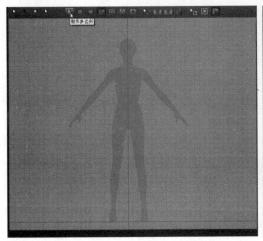
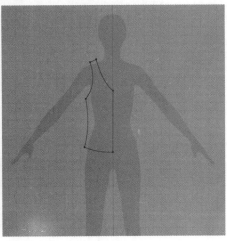

图2-178　前半片轮廓

3. 选择编辑样片工具 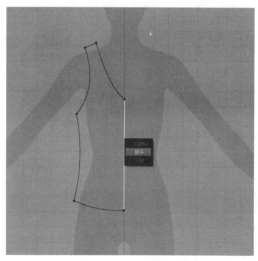，将右前片以前中心线为对称线展开，形成完整的前片，如图2-179所示。

4. 使用编辑样片工具 ，在右前片上单击

鼠标右键，在弹出的右键菜单中选择"复制"命令，然后在样板窗口的空白区域单击鼠标右键选择"粘贴"命令，复制出后片轮廓，如图2-180所示。

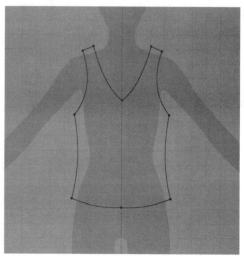

图2-179　完整前片

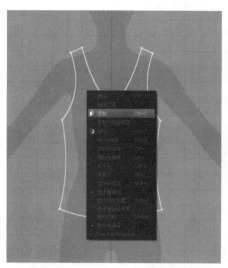

图2-180　复制前片

5. 使用编辑样片工具 ，对后领圈弧形进行修改，先删除后领圈边线中点，然后使用

编辑曲率工具 进行圆顺处理，如图2-181所示。

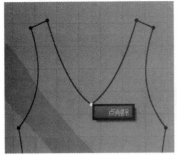
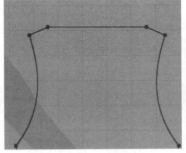
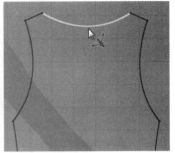

图2-181　编辑后片

6. 点击同步化工具 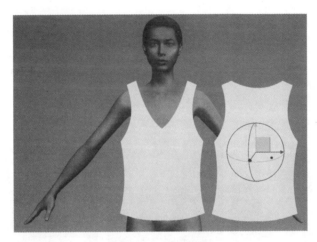 ，使其变亮为 ，将样板窗口中的样片同步到三维模特窗口当中，如图2-182所示。

7. 使用编辑样片工具 ，调整三维放置球中的红色、蓝色、绿色坐标轴或其中的黄色方形区域，将前后片按人体位置放好，其中，后片放置完成后需要在该片上单击鼠标右键，选中"水平反"按钮，调好布料的面里关系，如图2-183所示。

图2-182　同步样片

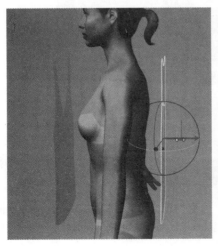
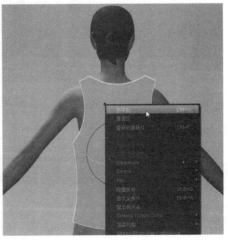

图2-183　三维放置样片

8. 使用线缝纫工具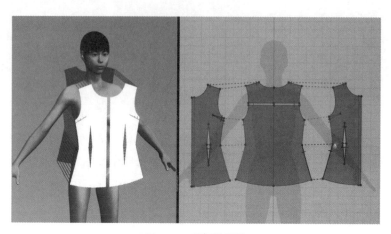或自由缝纫工具 ，缝合前后肩线、侧缝线等，如图 2-184 所示。

9. 点击模拟按钮 或按键盘"空格键"，试穿样片，如图 2-185 所示。

图2-184　缝纫线设置

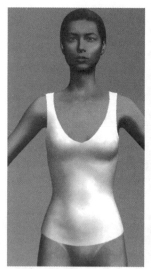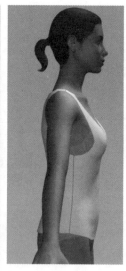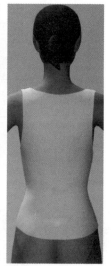

图2-185　试穿样片

二、衬衫三维造型设计

衬衫三维造型设计不仅包含衣身、袖子、领子的造型设计，而且还涉及到衣身领圈与领子、衣身袖窿与袖子之间的配伍关系。下面我们将从衣身、领子、袖子的顺序进行衬衫的三维造型设计。

1. 衣身前片

（1）使用制作多边形工具 ，绘制衬衫右前片轮廓图，如图 2-186 所示。

（2）使用编辑曲率工具 ，对领圈、袖窿、侧缝、下摆进行圆顺处理，如图 2-187 所示。

（3）使用"创造内部图形和线"工具 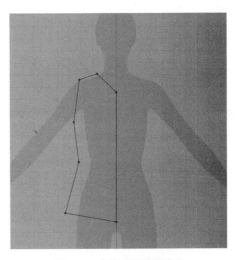，做出右前片胸省；使用挖省工具 ，做出腰省。如图2-188所示。

（4）使用编辑样片工具 ，放置在右前片前中心线上，前中心变蓝，同时按下鼠标左键和键盘Shift键，水平拖动此线，前中线变黄，在拖动出一定距离后，同时按下鼠标右键，在弹出的对话框中输入前片叠门量，如图2-189所示。

图2-186　衬衫右前片轮廓图

图2-187　修改样片

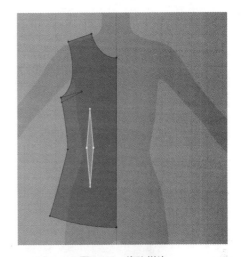

图2-188　修改样片

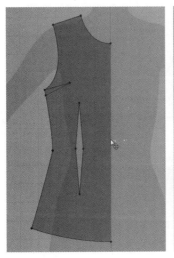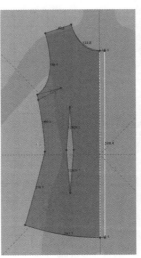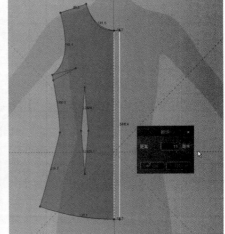

图2-189　前片叠门

（5）使用"创造内部图形和线"工具，做出前中线，如图 2-190 所示。

（6）使用编辑样片工具，在右前片上单击鼠标右键，在弹出的右键菜单中选择"复制"命令，然后在样板窗口的空白区域单击鼠标右键选择"Mirror 粘贴"命令，复制出左前片，如图 2-191 所示。

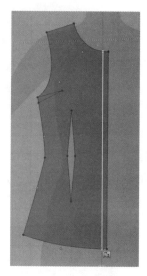

图2-190　前中线

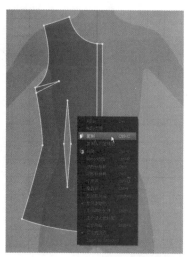
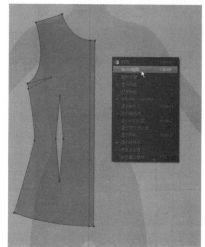

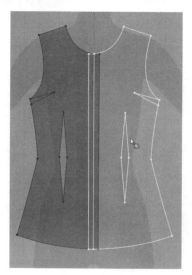

图2-191　前片镜像复制

2. 衣身后片

（1）复制左前片为右后片的参考,使用编辑样片工具 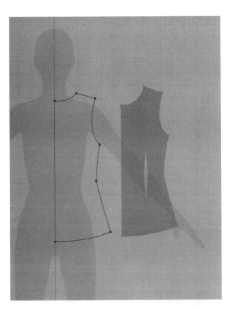,删除不需要的省道,并调整右后片的外形轮廓,如图 2-192 所示。

（3）使用编辑样片工具 分别删除过肩点上、下部位的点,完成右后片及过肩的制图,如图 2-194 所示。

图2-192 调整右后片外形轮廓

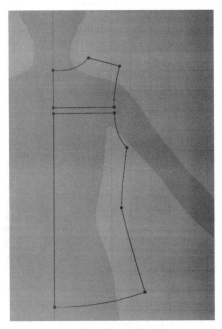

图2-194 右后片及过肩图

（2）使用加点工具 在右后片上找到过肩位置点,然后使用编辑样片工具 选中并复制右后片,如图 2-193 所示。

（4）选择编辑样片工具 ,将右侧过肩和后片以后中心线为对称线展开,形成完整的过肩及后片轮廓图,如图 2-195 所示。

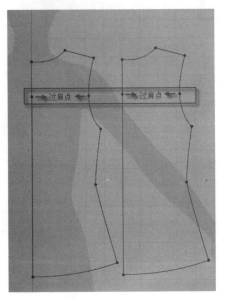

图2-193 复制右后片

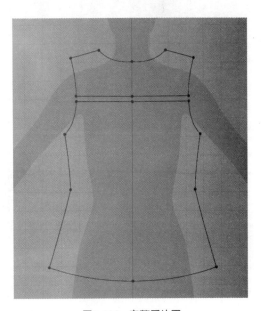

图2-195 完整后片图

3. 衣身缝合试样

（1）点击同步化工具 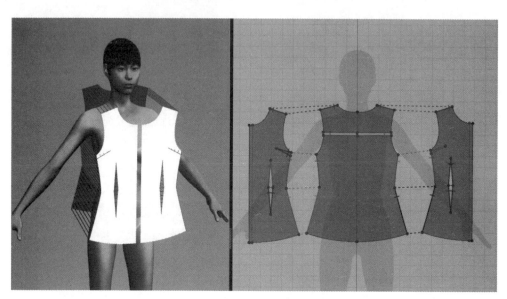，使其变亮为 ，将样板窗口中的样片同步到三维模特窗口当中。

（2）使用线缝纫工具 或自由缝纫工具 ，缝合前片省道、前后肩线及侧缝线、过肩线等，如图 2-196 所示。

（3）点击模拟按钮 或按键盘"空格键"，试穿样片，如图 2-197 所示。

图2-196　样片缝线编辑

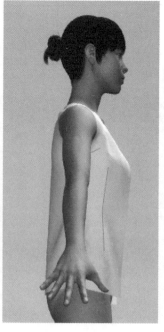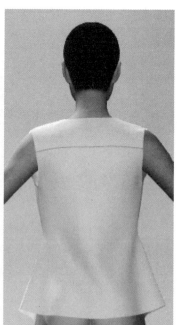

图2-197　试穿样片

4.衬衫领设计

（1）在样板窗口单击鼠标右键，在弹出的菜单中选择"显示线段长度"命令，然后我们可以得到前后领圈弧线的长度，如图2-198所示。

（2）根据上一步所得长度，使用直角作图法，做出衬衫领的基本轮廓，如图2-199所示。

（3）选择编辑样片工具 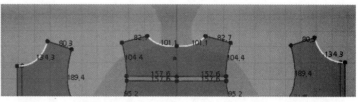，将衬衫领展开，并同步化，并在模特窗口中放置正确，如图2-200所示。

图2-198 查询前后领圈弧线的长度

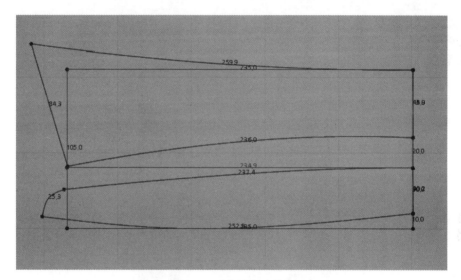

图2-199 衬衫领基本轮廓

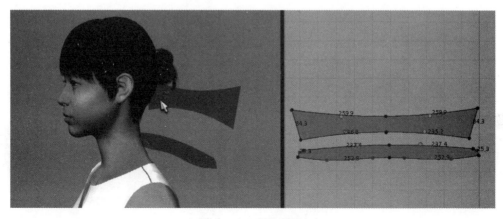

图2-200 三维放置领片

（4）打开显示安排点按钮 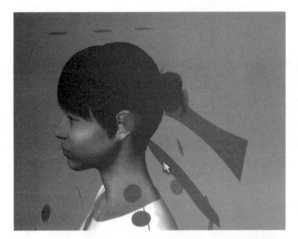，将衬衫领按安排点位置进行放置，如图 2-201 所示。

（5）使用线缝纫工具 或自由缝纫工具

，缝合领座下口弧线与领圈弧线、领座上口线与领面下口线，如图 2-202 所示。

（6）点击同步化工具 ，使其变亮为 ，

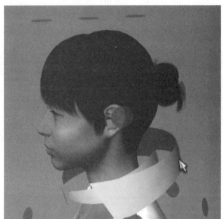

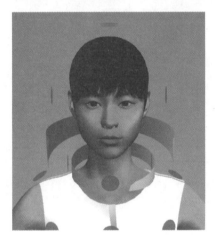

图2-201　弯曲放置领片

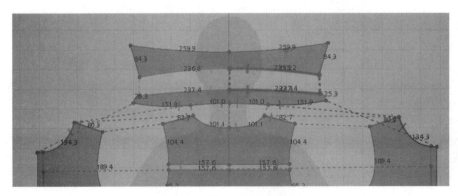

图2-202　领子与衣身缝线配伍

将样板窗口中的衬衫领同步到三维模特窗口当中，如图 2-203 所示。

（7）点击模拟按钮 或按键盘 "空格键"，模拟领片，如图 2-204 所示。

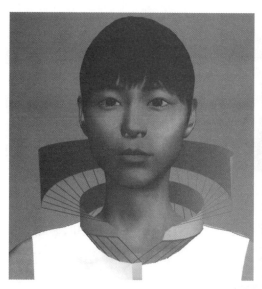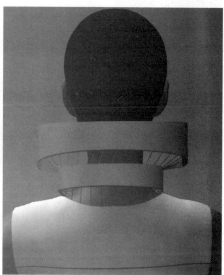

图2-203　同步化衬衫领

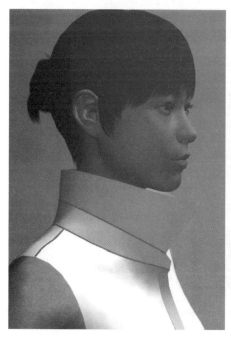

图2-204　模拟领片

5. 衬衫袖设计

（1）在样板窗口单击鼠标右键，在弹出的菜单中选择 "显示线段长度" 命令，然后我们可以

得到前后袖窿弧线的长度，如图 2-205 所示。

（2）根据袖窿弧线长度绘制袖子的基本形状，如图 2-206 所示。

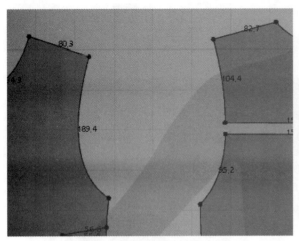

图2-205　显示袖隆弧线长度

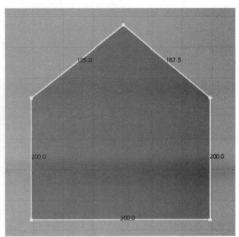

图2-206　绘制袖子的基本形状

（3）调整袖山弧线造型,并同步化到模特窗口,如图2-207所示。

（4）打开显示安排点按钮 ,将袖子按安排点位置进行放置,如图2-208所示。

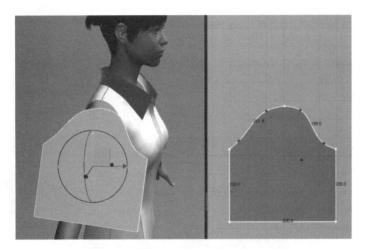

图2-207　同步化袖子

图2-208　弯曲放置袖片

（5）使用线缝纫工具 或自由缝纫工具 ，缝合袖山弧线和袖窿弧线、袖缝线，如图 2-209 所示。

（6）点击模拟按钮 或按键盘"空格键"，模拟袖子，如图 2-210 所示。

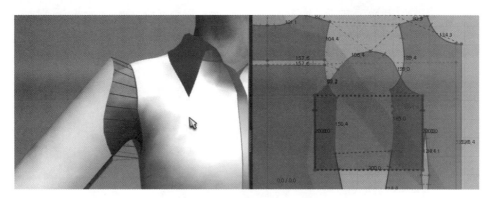

图2-209　衣袖与衣身缝线配伍

图2-210　模拟袖子

三、外套三维造型设计

1. 衣身前片

（1）使用制作多边形工具 ，绘制外套左前片轮廓图，如图 2-211 所示。

（2）使用编辑曲率工具 ，对领圈、袖窿、侧缝、下摆进行圆顺处理，如图 2-212 所示。

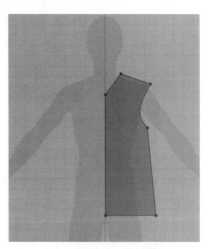

图2-211　外套左前片轮廓

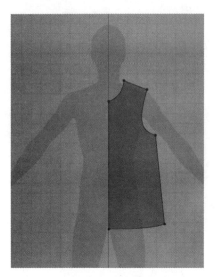

图2-212　样片修正

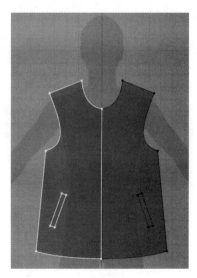

图2-214　复制前片对称片

（3）使用"创造内部图形和线"工具 ，做出左前片斜插袋位置，如图2-213所示。

2.衣身后片

（1）复制右前片为左后片的参考，使用编辑样片工具 ，删除不需要的省道，并调整左后片的外形轮廓，如图2-215所示。

图2-213　斜插袋

图2-215　调整左后片外形轮廓

（4）使用编辑样片工具 ，在右前片上单击鼠标右键，在弹出的右键菜单中选择"复制"命令，然后在样板窗口的空白区域单击鼠标右键选择"Mirror粘贴"命令，复制出右前片，如图2-214所示。

（2）使用编辑样片工具 ，在左后片上单击鼠标右键，在弹出的右键菜单中选择"复制"命令，然后在样板窗口的空白区域单击鼠标右键选择"Mirror粘贴"命令，复制出右后片，方法如图2-214所示。

3.衣身缝合试样

（1）点击同步化工具 ![icon]，使其变亮为 ![icon]，将样板窗口中的样片同步到三维模特窗口当中，并调整好前后片围绕模特的状态，如图2-216所示。

（2）根据样片的位置关系，在对象属性窗口中，给每个样片起好样片名称，如图2-217所示。

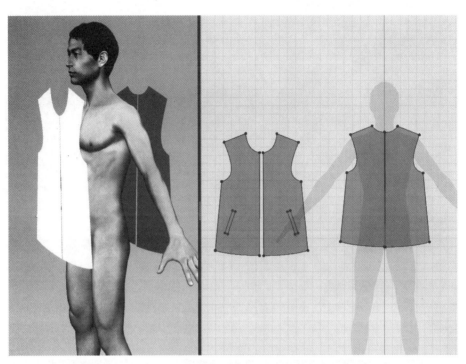

图2-216　同步化衣身

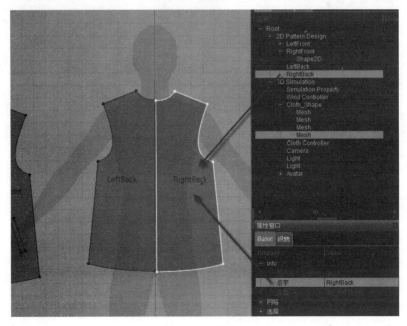

图2-217　样片命名

（3）使用线缝纫工具，或自由缝纫工具，缝合前后肩线及侧缝线、过肩线等，如图2-218所示。

（4）点击模拟按钮，或按键盘"空格键"，试穿样片，如图2-219所示。

（5）在样片窗口，根据斜插袋大小，使用制

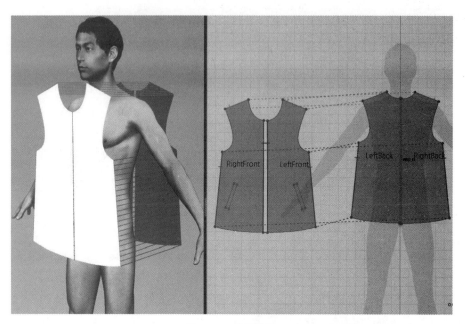

图2-218　设置缝线

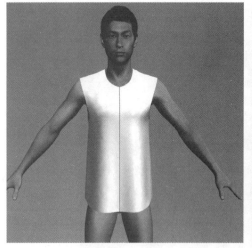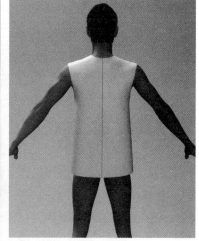

图2-219　试穿样片

作多边形工具，绘制斜插袋样片。

（6）使用自由缝纫工具，将斜插袋样片缝制到前片上，如图2-220所示。

（7）点击模拟按钮，或按键盘"空格键"，在模特窗口中进行口袋模拟，如图2-221所示。

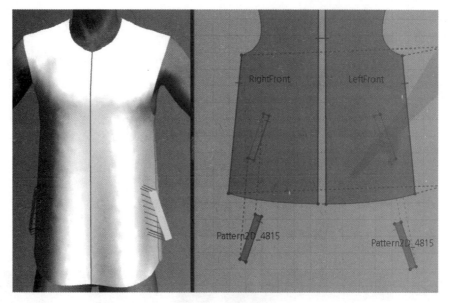

图2-220　缝制斜插袋

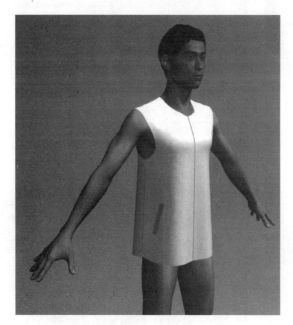

图2-221　口袋模拟

4.外套领设计

（1）在样板窗口单击鼠标右键,在弹出的菜单中选择"显示线段长度"命令,然后我们可以得到前后领圈弧线的长度,如图 2-222 所示。

图2-222　显示领圈长度

（2）根据上一步所得长度,使用直角作图法,做出外套领的基本轮廓,如图2-223所示。

（3）选择编辑样片工具 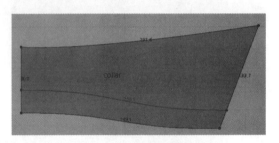 ,将外套领展开,并同步化,并在模特窗口中放置正确,如图2-224所示。

（4）打开显示安排点按钮 ,将外套领按安排点位置进行放置,如图2-225所示。

图2-223 外套领基本轮廓

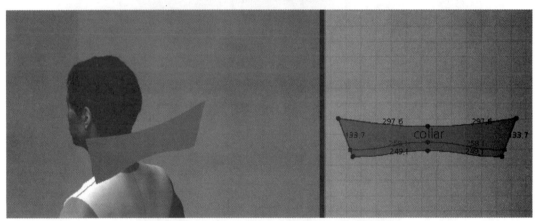

图2-224 三维放置领片

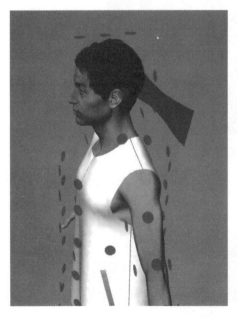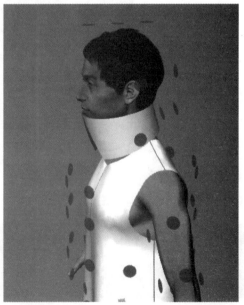

图2-225 弯曲放置领片

（5）使用线缝纫工具▼或自由缝纫工具▼,缝合领下口弧线与领圈弧线,如图2-226所示。

（6）点击同步化工具◐,使其变亮为◑,将样板窗口中的外套领同步到三维模特窗口当中,如图2-227所示。

（7）点击模拟按钮▶或按键盘"空格键",模拟领片,如图2-228所示。

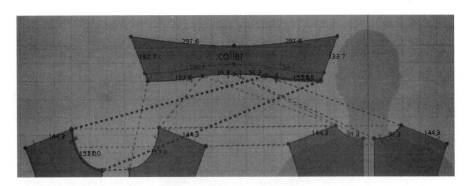

图2-226　衣领与衣身缝线配伍

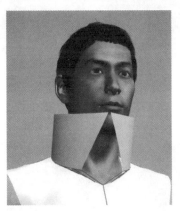
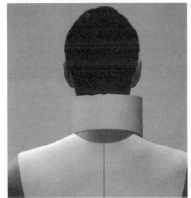

图2-227　衣领缝线同步

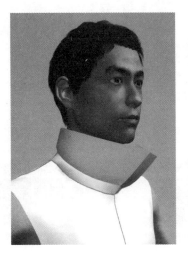

图2-228　模拟领片

5.外套袖设计

（1）在样板窗口单击鼠标右键,在弹出的菜单中选择"显示线段长度"命令,然后我们可以得到前后袖窿弧线的长度,如图2-229所示。

（2）根据袖窿弧线长度绘制袖子的基本形状,如图2-230所示。

（3）调整袖山弧线造型,并同步化到模特窗口,如图2-231所示。

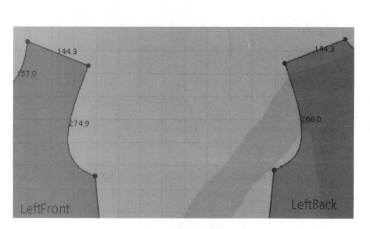

图2-229　显示袖窿弧线长度

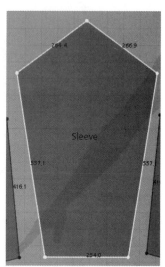

图2-230　绘制袖子基本形状

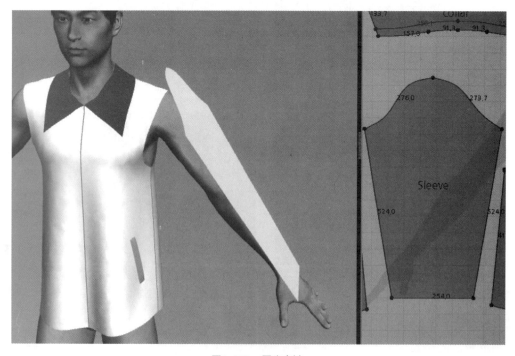

图2-231　同步衣袖

（4）打开显示安排点按钮，将袖子按安排点位置进行放置，如图 2-232 所示。

（5）使用线缝纫工具或自由缝纫工具，缝合袖山弧线和袖窿弧线、袖缝线，如图 2-233 所示。

（6）点击模拟按钮或按键盘"空格键"，模拟袖子，如图 2-234 所示。

图2-232　弯曲放置袖片

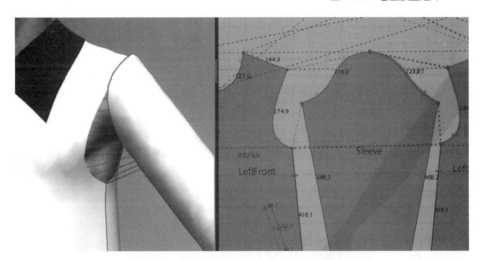

图2-233　衣袖袖山弧线与衣身袖窿弧线缝线配伍

图2-234　模拟袖子

第三章 服装电脑平面制板

FUZHUANG DIANNAO SANWEI
ZAOXING YU ZHIBAN

第一节　软件安装

服装电脑平面制板在服装行业中一般使用专业的服装 CAD 软件。服装 CAD 软件众多，本书采用的是深圳市盈瑞恒科技有限公司出品的产品——富怡服装 CAD V8 下载版。

一、系统配置要求

操作系统：Windows XP 或 Windows 7

显示器：17 寸及以上

主机：当前主流配置均可满足该软件的运行，建议使用"NVIDIA"系列显卡。

二、软件安装步骤

1. 运行安装程序

打开富怡安装程序目录，双击 图标，启动富怡服装 CAD 的安装程序，如图 3-1 所示。

2. 在弹出窗口后，等待几秒钟，进入安装引导程序。

图3-1　安装程序目录

图3-2　安装准备进度

3. 阅读许可协议，同意后点击"是"按钮继续，如图3-3所示。

4. 选择绘图仪的类型后，点击"下一步"按钮继续，如图3-4所示。

5. 选择安装目录后，点击"下一步"按钮继续，如图3-5所示。

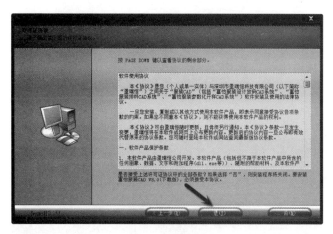

图3-3 软件协议

图3-4 选择绘图仪

图3-5 安装目录

6. 软件进入安装过程,如图 3-6 所示。

7. 当安装程序结束后,点击"完成"按钮,

就完成了富怡服装 CAD 软件的安装,如图 3-7 所示。

图3-6　软件安装进度

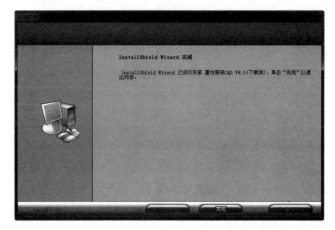

图3-7　完成安装界面

8. 软件安装完成后,程序会在桌面上生成"富怡 CAD 设计与放码系统"和"富怡排料 CAD 系统"两个模块图标,如图 3-8 所示,其中本书使用的是"富怡 CAD 设计与放码系统"模块中的打板功能。

图3-8　富怡服装CAD程序模块图标

第二节　工作环境设置

一、软件启动

1. 双击"打板"图标 ,启动软件,软件启动时,会首先进入一个介绍界面,在这个界面

消失后,会进入"富怡 CAD 设计与放码系统"窗口,如图 3-9 所示。

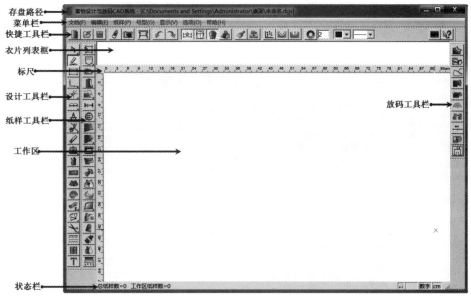

图3-9　"富怡CAD设计与放码系统"窗口

2. 界面介绍

如上图所示,系统的工作界面就好比是用户的工作室,熟悉了这个界面也就熟悉了您的工作环境,自然就能提高工作效率。

（1）存盘路径

显示当前打开文件的存盘路径。

（2）菜单栏

该区是放置菜单命令的地方,且每个菜单的下拉菜单中又有各种命令。单击菜单时,会弹出一个下拉式列表,可用鼠标单击选择一个命令。也可以按住 ALT 键敲菜单后的对应字母,菜单即可选中,再用方向键选中需要的命令。

（3）快捷工具栏

用于放置常用命令的快捷图标,为快速完成设计与放码工作提供了极大的方便。

（4）衣片列表框

用于放置当前款式中的纸样。每一个纸样放置在一个小格的纸样框中,纸样框布局可通过选项 > 系统设置 > 界面设置 >纸样列表框布局改变其位置。并可通过单击拖动进行纸样顺序的调整。还可在此选中纸样用菜单命令对其复制、删除等操作。

（5）标尺

显示当前使用的度量单位。

（6）设计工具栏

该栏放着绘制及修改结构线的工具。

（7）纸样工具栏

当用 ✂ 剪刀工具剪下纸样后，用该栏工具将其进行细部加工，如加剪口、加钻孔、加缝份、加缝迹线、加缩水等。

（8）放码工具栏

该栏放着用各种方式放码时所需要的工具。

（9）工作区

工作区如一张无限大的纸张，您可在此尽情发挥您的设计才能。工作区中既可设计结构线、也可以对纸样放码、绘图时可以显示纸张边界。

（10）状态栏

状态栏位于系统的最底部，它显示当前选中的工具名称及操作提示。

在工作界面中，除了存盘路径、菜单栏、状态栏位置固定外，其他功能模块位置均可以变化，变化的方法是光标放在栏目上按住鼠标左键拖到适当的位置即可，其中，衣片列表框可以通过"菜单—系统设置"中进行上、下、左、右的布局。

二、系统设置

一般情况下，在系统默认的工作界面上即可进行样板的设计，但是为了更好地满足设计需要，可以对"富怡 CAD 设计与放码系统"进行个性化设置。单击选项菜单 > 系统设置，弹出系统设置对话框，有界面设置、长度单位、缺省参数、打印绘图、自动备份、开关设置、布纹设置等 7 个选项卡，重新设置任一参数，需单击下面的应用按钮才有效。

1."界面设置"选项卡说明，如图 3-10 所示。

纸样列表框布局：单击上、下、左、右中的任何一个选项按钮，纸样列表框就放置在对应位置。

设置屏幕大小：按照实际的屏幕大小输入，图形可以 1∶1 显示。

语言选择：选择与使用版本相应的语言，这样文档菜单下"打印纸样信息单""打印总体资料单"字体会匹配。

线条粗细：指结构线、纸样边线、辅助线的

图3-10　"界面设置"选项卡

粗细,滑块向左滑线条会越来细,向右滑线条会越来越粗。勾选使用光滑曲线,线条为光滑线条显示,不勾选为锯齿线条显示。

2.长度单位选项卡说明,如图3-11所示。

用于确定系统所用的度量单位。在厘米、毫米和英寸三种单位里单击选择一种,在"显示精度"下拉列表框内选择需要达到的精度。

在选择英寸的时候,可以选择分数格式与小数格式。

英寸分数格式:勾选该项时,使用分数格式。不勾选时,使用小数格式。

没有输入分数分母,以显示精度作为默认分母:如果设精度为1/16,在勾选此项的10.3和没勾选此项的103 是一样的,都是10 寸1分半。

使用英寸分数格式时在长度比较对话框中显示精确值:勾选该项时,长度比较表中有分数与小数两种格式显示。不勾选时,只有分数格式显示。

3.缺省参数选项卡说明,如图3-12所示。

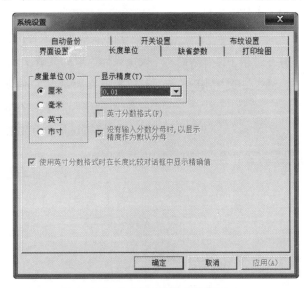

图3-11 "长度单位" 选项卡

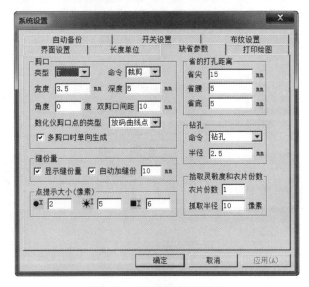

图3-12 "缺省参数" 选项卡

剪口:可更改默认剪口类型、大小、角度、命令(操作方式)。命令:选择裁剪,连接切割机时外轮廓线上的剪口会切割;选择只画,连接切割机或绘图仪时以画的方式显现;M68,为连接电脑裁床时剪口选择的方式。双剪口间的距离:指打多剪口时相邻剪口间默认的距离。数化仪剪口点的类型:这里设定的为"读纸样"对话框中默认点。

缝份量:勾选,纸样加缝份后,显示缝份量。

自动加缝份:可更改默认加的缝份量,勾选自动加缝份后,当生成样片后,系统会为每一个衣片自动加上缝份。

点提示大小: ●▢3 ▢▮4 用于设置结构线或纸样上的控制点大小; ✳▢6 定位时,用于设置参考点大小。

省的打孔距离:

省尖 ▢15 mm 用于设置省尖钻孔距省尖的距离;

省腰 ▢5 mm 用于设置省腰钻孔距省腰的距离;

省底 ▢5 mm 用于设置省底钻孔距省底的距离。

省的打孔距离:设置常用的省的打孔距离,双击欲修改的文本框,输入数据后按"应用"键即生效。

钻孔:选择钻孔,指连接切割机时该钻孔会切割;选择只画,指连接绘图仪、切割机时钻孔会以画的形式显现;勾选 Drill M43 或 Drill M44 或 Drill M45,指连接裁床时,砸眼的大小。

半径 ▢2.5 mm 用于设置钻孔的大小。

拾取灵敏度和衣片份数:拾取灵敏度:用于设定鼠标抓取的灵敏度,鼠标抓取的灵敏度是指以抓取点为圆心,以像素为半径的圆。像素愈多,范围愈大,一般设在5~15像素间。

衣片份数,是指用数化板读图时,纸样份数的默认设置。

4."打印绘图"选项卡说明,如图3-13所示。

线条宽度:用于设置喷墨绘图仪的线的宽度。

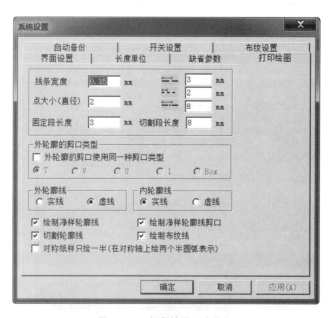

图3-13 "打印绘图"选项卡

点大小：用于设置喷墨绘图仪的点大小。

设定虚线的间隔长度。

设定点线间隔长度。

设定点划线间隔长度。

"固定段长度"：是为了保证切割时纸样与原纸张相连，在此设定这段线所需长度。

"切割段长度"：设置刀一次切割的长度；在切割时纸样边缘的切割形状如下图。

切割段长度

固定段长度

外轮廓线、内轮廓线、辅助线：用于设置绘图时各种线所需绘制的线形。

绘制净样轮廓线：勾选，绘制净样线。

绘制内轮廓线剪口：勾选，绘制内轮廓线剪口。

切割轮廓线：勾选，使用刻绘仪时，切割外轮廓线。此时固定段长度与切割段长度被激活。

绘制布纹线：勾选，绘图或打印时，绘制布纹线。

外轮廓的剪口类型：勾选外轮廓的剪口使用同一种类型，则可在下面选择一种绘图或切割时统一采用的剪口。

5."自动备份"选项卡说明，如图3-14所示。

使用自动备份：勾选则系统实行自动备份。

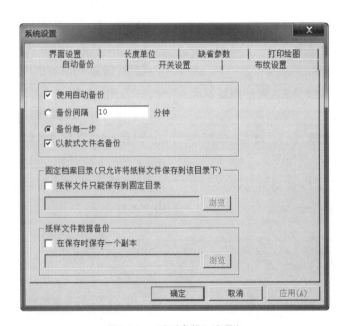

图3-14 "自动备份"选项卡

备份间隔：用来设置备份的时间间隔。

备份每一步：是指备份操作的每一步。人为保存过的每一个文件都有对应的文件名，后缀名为bak，与人为保存的文件在同一目录下。如果做了多步操作，一次也没保存，就用安全恢复。

固定档案目录：（只允许将纸样文件保存到设定的目录下）勾选"将纸样文件保存到指定目录"则所有文件保存到指定目录内，不会由于操作不当找不到文件。选用本项后，纸样就不能再存到其他目录中，系统会提示您一定要保存到指定目录内，这时只有选择指定目录才能保存。

6."开关设置"选项卡参数说明，如图3-15所示。

图3-15　　"开关设置"选项卡

显示控制点:快捷键是 Ctrl+K,勾选则显示所有非放码点,反之不显示。

显示放码点:快捷键是 Ctrl+F,勾选则显示所有放码点,反之不显示。

显示缝份线:快捷键是 F7,勾选则显示所有缝份线,反之不显示。

填充纸样:快捷键是 Ctrl+J,勾选则纸样有颜色填充,反之没有。

7."布纹设置"选项卡说明,如图 3-16 所示。

布纹线的缺省方向:剪纸样时生成的布纹线方向为在此选中的布纹线方向。

单击右边的三角按钮,在弹出的下拉菜单中选择所需选项,文本框中出现对应代码,最后单击"应用"、"确定"。再勾选在布纹线上或下显示纸样信息,这样纸样的布纹线上下就会显示"纸样资料"、"款式资料"中设置的信息。勾选"布纹线上的文字按比例显示,绘图",布纹线上的文字大小按布纹的长短显示,否则以同样的大小显示。

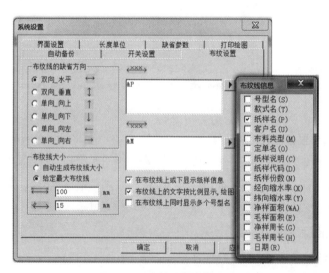

图3-16　　"布纹设置"选项卡

第三节　工具栏

工具栏是进行服装 CAD 操作的各个工具的集合,富怡服装 CAD 打板模块主要包括快捷工具栏、设计工具栏、纸样工具栏三大部分。

一、快捷工具栏

快捷工具栏如图 3-17 所示。

图3-17　快捷工具栏

1. ▮新建(N)Ctrl+N

功能:新建一个空白文档。

操作:

(1)单击▮或按 Ctrl+N,新建一个空白文档;

(2)如果工作区内有未保存的文件,则会弹出"存储档案吗?"对话框询问是否保存;

(3)单击"是"则会弹出"保存为"对话框,选择好路径输入文件名,按"保存",则该文件被保存(如已保存过则按原路径保存),如图 3-18 所示;

2. 🖼打开 Ctrl+O

功能:用于打开储存的文件。

操作:

(1)单击🖼图标或按 Ctrl+O,弹出"打开"对话框。

(2)在选择适合的文件类型,按照路径选择文件。

(3)单击"打开"(或双击文件名),即打开一个保存过的纸样文件,如图 3-19 所示。

"打开"对话框参数说明:

显示款式图:勾选复选框则显示该文件在

图3-18　新建提示框

图3-19　打开文件对话框

最后一次保存前工作区的内容；显示▨ "款式资料">"简述"中的内容，如对话框中的"2009畅销款"。

查找档案：单击该按钮，则弹出"查找档案"对话框。

查找档案参数说明，如图3-20所示。

"浏览"选项卡，如图3-21所示。

按照路径选择出文件夹，浏览框即显示出该文件夹的所有 dgs 文件的款式图，没有款式图的则以 × 表示。

"搜索"选项卡，如图3-21所示。

按照查询项目的提示内容，输入有关文档的内容，选中"搜索"下面的盘符名，点"开始"，待"搜索到的档案"栏下显示出文件名，单击"打开"即可。

3. ▨ 保存(S)Ctrl+S
功能：用于储存文件。
操作：

（1）单击▨ 或按 Ctrl+S，第一次保存时弹出"文档另存为"对话框，指定路径后，在"文件名"文本框内输入文件名，点击"保存"即可，如图3-22所示。

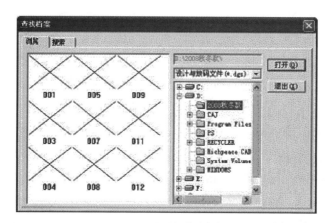

图3-20　查找档案对话框

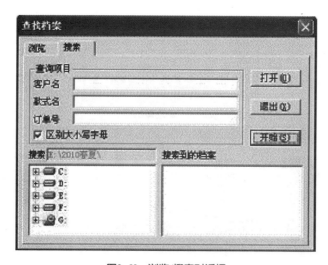

图3-21　浏览/搜索对话框

图3-22　保存对话框

（2）再次保存该文件,则单击该图标按Ctrl+S即可,文件将按原路径、原文件名保存。

说明:如果文件没改动,图标是灰色的,是非激活状态。

4.　读纸样

功能:借助数化板、鼠标,可以将手工做的基码纸样或放好码的网状纸样输入到计算机中。

操作:读基码

（1）用胶带把纸样贴在数化板上。

（2）单击　图标,弹出"读纸样"对话框,用数化板的鼠标的＋字准星对准需要输入的点（参见十六键鼠标各键的预置功能）,按顺时针方向依次读入边线各点,按2键纸样闭合。

（3）这时会自动选中　开口辅助线（如果需要输入闭合辅助线单击　,如果是挖空纸样单击　),根据点的属性按下对应的键,每读完一条辅助线或挖空一个地方或闭合辅助线,都要按一次2键。

（4）根据附表中的方法,读入其他内部标记。

（5）单击对话框中的"读新纸样",则先读的一个纸样出现在纸样列表内,"读纸样"对话框空白,此时可以读入另一个纸样。

（6）全部纸样读完后,单击"结束读样"。

（注:钻孔、扣位、扣眼、布纹线、圆、内部省:可以在读边线之前读也可以在读边线之后读。）

举例说明,如图3-23所示,被圈住数字或字母表示鼠标键,没圈住的表示读图顺序号。

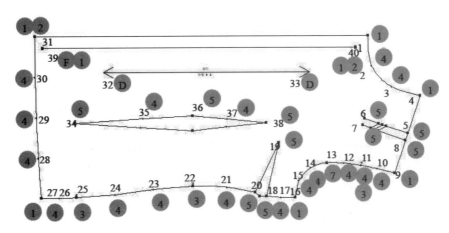

图3-23　读纸样说明图

111

a. 序号 1、2、3、4 依次用 1 键、4 键、4 键读。

b. 用鼠标 1 键在菜单上选择对应的刀褶，再用 5 键读此褶。用 1 键 4 键读相应的点，用对应键按序读对应的点。

c. 序号 11，如果读图对话框中选择的是"放码曲线点"，那么就先用 4 键再用 3 键读该位置。序号 22，序号 25，可以直接用 3 键。

d. 读完序号 17 后，用鼠标 1 键在菜单上选择对应的省，再读该省。

e. 序号 31，先用 1 键读再用 2 键读。

f. 读菱形省时，先用鼠标 1 键在菜单上选择菱形省，因为菱形省是对称的，只读半边即可。

g. 读开口辅助线时，每读完一条辅助都需要按一次 2 键来结束。

注意：

十六键鼠标，如图 3-24 所示，可以根据不同的点的属性，用各键的预置功能进行读入，如果是四键鼠标，可以单击对话框"按键"后下拉菜单选择按键，再在"功能"下拉菜单中选择对应功能，也可以借助菜单上功能读图。

十六键鼠标各键的预置功能

1 键：直线放码点。

2 键：闭合和完成。

3 键：剪口点。

4 键：曲线非放码点。

5 键：省和褶。

6 键：打孔。

7 键：曲线放码点。

9 键：眼位。

0 键：圆。

A 键：直线非放码点。

B 键：读新纸样。

C 键：撤消。

D 键：布纹线。

E 键：放码。

F 键：辅助键（用于切换的选中状态）

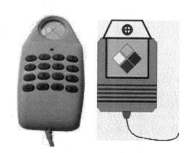

图3-24　十六键鼠标

附件功能如表 3-1 所示。

表3-1　附件功能

类 型	操 作	示意图
开口辅助线	读完边线后，系统会自动切换在 ，用 1 键读入端点、中间点（按点的属性读入，如果是直线读入 1 键，如果是弧线读入 4 键）、1 键读入另一端点，按 2 键完成	
闭合辅助线	读完边线后，单击 后，根据点的属性输入即可，按 2 键闭合	
内边线	读完边线后，单击 后，根据点的属性输入即可，按 2 键闭合	

（续表）

类 型	操　作	示意图
V 形省	读边线读到 V 形省时,先用 1 键单击在菜单上的 V 形省（软件默认为 V 形省,如果没读其他省而读此省时,不需要在菜单上选择）,按 5 键依次读入省底起点、省尖、省底终点。如果省线是曲线,在读省底起点后按 4 键读入曲线点。因为是省是对称的,弧线省时用 4 键读一边就可以了	
锥形省	读边线读到锥形省时,先用 1 键单击菜单上锥形省,然后用 5 键依次读入省底起点、省腰、省尖、省底终点。如果省线是曲线,在读省底起点后按 4 键读入曲线点。因为是省是对称的,弧线省时用 4 键读一边即了	
内 V 形省	读完边线后,先用 1 键单击菜单上的内 V 形省,再读操作同 V 形省	
内锥形省	读完边线后,先用 1 键单击菜单上的内锥形省,再读锥形省操作同锥形省	
菱形省	读完边线后,先用 1 键单击菜单上的菱形省,按 5 键顺时针依次读省尖、省腰、省尖,再按 2 键闭合。如果省线是曲线在读入省尖后可以按 4 键读入曲线点。因为省是对称的,弧线省时用 4 键读一边就可以了	
褶	读工字褶（明、暗）、刀褶（明、暗）的操作相同,在读边线时,读到这些褶时,先用 1 键选择菜单上的褶的类型及倒向,再用 5 键顺时针方向依次读入褶底、褶深。1、2、3、4 表示读省顺序	

113

（续表）

类　型	操　作	示意图
剪口	在读边线读到剪口时，按点的属性选1、4、7、A其中之一再加3键读入，即可。如果在读图对话框中选择曲线放码点，在曲线放码上加读剪口，可以直接用3键读入	
布纹线	边线完成之前或之后，按D键读入布纹线的两个端点如果不输入布纹线，系统会自动生成一条水平布纹线	D ←———————→ D
扣眼	边线完成之前或之后，用9键输入扣眼的两个端点	
打孔	边线完成之前或之后，用6键单击孔心位置	
圆	边线完成之前或之后，用0键在圆周上读三个点	
款式名	用1键先点击菜单上的"款式名"，再点击表示款式名的数字或字母。一个文件中款式名只读一次即可	
简述、客户名、定单号	同上	
纸样名	读完一个纸样后，用1键点击菜单上的"纸样名"，再点击对应名称	
布料、份数	同上	
文字串	读完纸样后，用1键点击菜单上的"文字串"，再在纸样上单击两点（确定文字位置及方向），再点击文字内容，最后再点击菜单上的"回车"	

读图说明：

a. 读边线和内部闭合线时，按顺时针方向读入。

b. 省褶

● 读边线省或褶时，最少要先读一个边线点。

● 读V形省时，如果打开读纸样对话框还未读其他省或褶，就不用在菜单上选择。

● 在一个纸样连续读同种类型的省或褶时，只需在菜单上选择一次类型。

c. 布料、份数

一个纸样上有多种布料，如有一个纸样面有2份，布有1份，用1键先在点击"布料"，再点布料的名称"面"，再点击"份数"，再点击相应的数字"2"，再点击"布料"，再点另一种布料名称"朴"，再点击"份数"，再点相应的数字"1"。

"读纸样对话框"参数说明，如图3-25所示。

图3-25　读纸样对话框

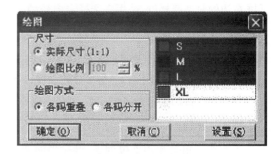

剪口后的下拉框中有多种剪口类型供选择,选中的为读图时显示的剪口类型,剪口点点类型后的下拉框中有四种点类型供选择,如图示选择为曲线放码点,那么读到在曲线放码点上的剪口时,直线用3键即可。

设置菜单(M) 当第一次读纸样或菜单被移动过,需要设置菜单。操作,把菜单贴在数化板有效区的某边角位置,单击该命令,选择"是"后,用鼠标1键依次单击菜单的左上角、左下角、右下角即可。

读新纸样(N) 当读完一个纸样,单击该命令,被读纸样放回纸样列表框,可以再读另一个纸样。重读纸样(R) 读纸样时,错误步骤较多时,用该命令后重新读样。

补读纸样(A) 当纸样已放回纸样窗,单击该按钮可以补读,如剪口、辅助线等。操作,选中纸样,单击该命令,选中纸样就显示在对话框中,再补读未读元素。

结束读样(E) 用于关闭读图对话框。

5. 绘图

功能:按比例绘制纸样或结构图。

操作:

(1)把需要绘制的纸样或结构图在工作区中排好,如果是绘制纸样也可以单击"编辑"菜单—自动排列绘图区。

(2)按F10键,显示纸张宽边界(若纸样出界,布纹线上有圆形红色警示,则需把该纸样移入界内)。

(3)单击该图标,弹出"绘图"对话框,如图3-26所示。

(4)选择需要的绘图比例及绘图方式,在不需要绘图的尺码上单击使其没有颜色填充。

(5)单击"设置"弹出"绘图仪"对话框,如图3-27所示,在对话框中设置当前绘图仪型号、纸张大小、预留边缘、工作目录等等,单击"确定",返回"绘图"对话框。

图3-26 绘图对话框

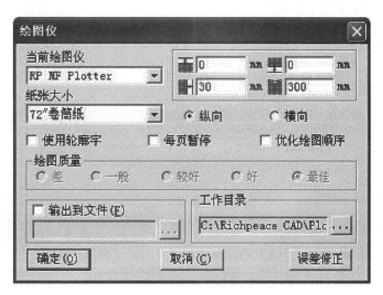

图3-27 绘图仪对话框

（6）单击"确定"即可绘图。

提示：

（1）在绘图中心中设置连接绘图仪的端口。

（2）要更改纸样内外线输出线型，布纹线、剪口等的设置，则需在"选项"＞"系统设置"＞"打印绘图"设置。

"绘图"对话框参数说明：

"实际尺寸"是指将纸样按1∶1的实际尺寸绘制。

"绘图比例"点选该项后，其后的文本框显亮，在其中可以输入绘制纸样与实际尺寸的百分比。

"各码重叠"指输出的结果是各码重叠显示。

"各码分开"是指各码独立输出的方式；对话框右边的号型选择框，是用来选择输出号型，显蓝的码是输出号型，如不想输出的号型，单击该号型名使其变白即可，该框的默认值为全选。

"设置"是指对绘图仪的一些参数的设置。

"绘图仪"选项卡参数说明：

"当前绘图仪"用于选择绘图仪的型号，单击旁边的小三角会弹出下拉列表，选择当前使用的绘图仪名称。

"纸张大小"用于选择纸张类型，单击旁边的小三角会弹出下拉列表，选择纸张类型，也可

以选择自定义，在弹出的对话框中输入页大小，单击"确定"即可。

绘图纸的左边距。

设置绘图纸右边距。

设置本次绘图与下次绘图的间距。

设置对位标记间距。

"纵向"、"横向"用于选择绘图的方向。

"输出到文件"勾选，可以把工作区纸样存储成PLT文件。在绘图中心直接调出PLT文件绘图，这样即使连接绘图仪的计算机上没有服装软件也可以绘图。

操作：

（1）在"绘图仪"对话框，勾选"输出到文件"。

（2）单击 **···** 弹出"输出文件名"对话框，输入文件名，如图3-28所示，单击"保存"回到"绘图仪"对话框，点击"确定"，回到"绘图"对话框，再次"确定"即可保存。

"工作目录"指定当前绘图时的工作路径，即与绘图仪连接的计算机上绘图中心的数据目录。例如，有AB两台计算机，计算机B与绘图仪相连，计算机A要通过网络绘图。选择计算机B＞绘图中心＞数据目录，选择PLOT文件夹（也可以在富怡服装CAD文件夹中自行建立新

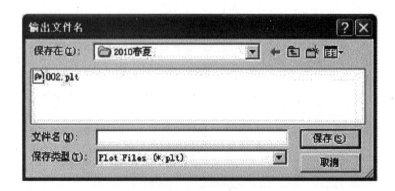

图3-28　保存plt文件

文件夹）。在计算机 A 中工作目录就选择计算机 B 中的 PLOT 即可。在本机上绘图,直接选中本机中的 PLOT 即可。

"误差修正"用于校正绘图的出来的尺寸不是实际尺寸。

操作:

（1）单击"误差修正"弹出"密码"对话框,输入密码后,单击"确定"。需要密码的客户需要向富怡公司咨询。

（2）弹出"绘图误差修正"对话框。

![图标]指在幅宽方向填入 1m 实际绘出的值;![图标]指在幅长方向填入 1m 实际绘出的值。

（3）在软件中做一个 1m×1m 的矩形,比如实际绘出的幅宽上是 998mm,幅长上是 998.2mm,那么,就需要在幅宽方向输入 998mm,在幅长方向输入 998.8mm,单击"确定"即可。

特别注意:这一部分不要轻易修改。

6. ![图标]撤消 Ctrl+Z
功能:

用于按顺序取消做过的操作指令,每按一次可以撤消一步操作。

操作:

单击该图标,或按 Ctrl+Z,或击鼠标右键,再单击"Undo"。

注意:

当无法撤消操作,该图标及 Undo 变成灰色。

7. ![图标]重新执行 Ctrl+Y
功能:把撤消的操作再恢复,每按一次就可以复原一步操作,可以执行多次。

操作:

单击该图标,或按 Ctrl+Y。

8. ![图标]显示和隐藏变量标注
功能:同时显示或隐藏所有的变量标注。

操作:

（1）用 ![图标]比较长度、![图标]测量两点间距离工具记录的尺寸。

（2）单击 ![图标],选中为显示,没选中为隐藏。

9. ![图标]显示和隐藏结构线

功能:

选中该图标,为显示结构线,否则为隐藏结构线。

操作:

单击该图标,图标凹陷为显示结构线;再次单击,图标凸起为隐藏结构线。

10. ![图标]显示和隐藏纸样
功能:

选中该图标,为显示纸样,否则为隐藏纸样。

操作:

单击该图标,图标凹陷为显示纸样;再次单击,图标凸起为隐藏纸样。

11. ![图标]仅显示一个纸样
功能:

（1）选中该图标时,工作区只有一个纸样并且以全屏方式显示,也即纸样被锁定。没选中该图标,则工作可以同时可以显示多个纸样。

（2）纸样被锁定后,只能对该纸样操作,这样可以排除干扰,也可以防止对其他纸样的误操作。

操作:

a. 选中纸样,再单击该图标,图标凹陷,纸样被锁定。

b. 单击纸样列表框中其他纸样,即可锁定新纸样。

c. 单击该图标,图标凸起,可取消锁定。

12. ![图标]将工作区的纸样收起
功能:将选中纸样从工作区收起。

操作：

（1）用 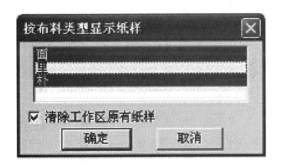 选中纸样需要收起的纸样。

（2）单击该图标,则选中纸样被收起。

13. 按布料种类分类显示纸样

功能：按照布料名把纸样窗的纸样放置在工作区中。

操作：

（1）用鼠标单击该图标,弹出"按布料类型显示纸样"的对话框,如图3-29所示。

（2）选择需要放置在工作区的布料名称,单击确定即可。

图3-29 按布料类型显示纸样

14. 颜色设定

功能：用于设置纸样列表框、工作视窗和纸样号型的颜色。

操作：

（1）单击该图标,弹出"设置颜色"对话框,该框中有三个选项卡。

（2）单击选中选项卡名称,单击选中修改项,再单击选择一种颜色,按"应用"即可改变所选项的颜色,可同时设置多个选项,最后按"确定"即可。

"设置颜色"参数说明：

"纸样列表框"选项卡,如图3-30所示。

图3-30 纸样列表框选项卡

● 纸样背景：指衣片列表框的背景色。

● 纸样轮廓：指衣片列表框中纸样轮廓的颜色。

● 纸样序号：指衣片列表框中纸样的序号颜色。

"工作视窗"选项卡,如图3-31所示。

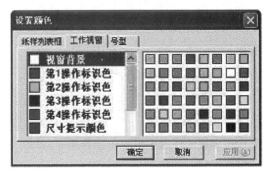

图3-31 工作视窗选项卡

● 视窗背景：用于设置工作区的颜色;

● 第1操作标识色：用于设置在操作过程中第1步的提示颜色。

● 第2操作标识色：用于设置在操作过程中,击右键后第2步的提示颜色。

● 第3操作标识色：用于设置在操作过程中,击右键后第3步的提示颜色。

● 第4操作标识色：用于设置在操作过程中,击右键后第4步的提示颜色,也表示点放码表中的坐标轴的颜色。

● 尺寸提示色：画线时,线长度的提示色。

● 标注颜色:指所有标注的颜色。

● 未选中衣片颜色:指纸样在未被选中时的填充颜色。

● 选中衣片颜色:指被选中的纸样时的填充颜色。

● 衣片标识色1:比拼行走时,固定纸样的颜色。

● 衣片标识色2:比拼行走时,行走纸样的颜色。

● 扫描底图颜色:扫描图或其他图片导入软件后显示的颜色。

● 底纹网格颜色:指底纹网格的显示的颜色。

"号型"选项卡,如图3-32所示。

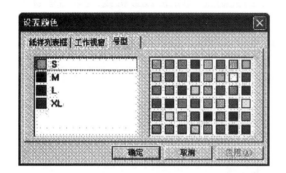

图3-32 号型选项卡

用于修改各号型的代表颜色,单击选中一种号型,再单击喜欢的颜色,单击"应用"即可。

15. ■▾ 线颜色
功能:用于设定或改变结构线的颜色。
操作:

(1)设定线颜色:单击线颜色的下拉列表,单击选中合适的颜色,这时用画线工具画出的线为选中的线颜色。

(2)改变线的颜色:单击线颜色下拉列表,选中所需颜色,再用设置线的颜色类型工具在线上击右键或右键框选线即可。

16. ──▾ 线类型
功能:用于设定或改变结构线类型。
操作:

(1)设定线类型:单击线类型的下拉列表,选中线型,这时用画线工具画出的线为选中的线类型。

(2)改变已做好的结构线线型或辅助线的线型:单击线类型的下拉列表,选中适合的线类型,再选中 设置线的颜色类型工具,在需要修改的线上单击左键或左键框选线。

17. ² 等份数
功能:用于等份线段。
操作:图标框中的数字是多少就会把线段等份成多少等份。

18. ◠◠◠ 曲线显示形状
功能:用于改变线的形状。

操作:选中 设置线的颜色类型工具,单击曲线显示形状 ◠◠◠ 的下拉列表选中需要的曲线形状,此时可以设置线型的宽与高,先宽后高,输宽数据后按回车再输入高的数据,用左键单击需要更改线即可。

19. ─⌐▾ 辅助线的输出类型
功能:设置纸样辅助线输出的类型。

操作:选中 设置线的颜色类型工具,单击辅助线的输出类型 ─⌐▾ 的下拉列表选中需要输出方式,用左键单击需要更改线即可,设了全刀,辅助线的一端会显示全刀的符号。设了半刀,辅助线的一端会显示半刀的符号。

20. ▦ 播放演示
功能:播放工具录像的工具。

操作:选中该图标,再单击任意工具,就会播放该工具的视屏录像。

21. ▨? 帮助
功能:工具使用帮助的快捷方式。

操作:选中该工具,再单击任意工具图标,

就会弹出"富怡设计与放码 CAD 系统在线帮助"对话框,在对话框里会告知此工具的功能和操作方法。

二、设计工具栏

设计工具栏如图 3-33 所示。

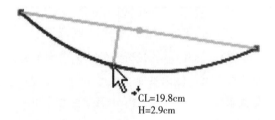

图3-33 设计工具栏

1. 调整工具(快捷键 A)

功能:用于调整曲线的形状,修改曲线上控制点的个数,曲线点与转折点的转换,改变钻孔、扣眼、省、褶的属性。

操作:

(1)调整单个控制点

① 用该工具在曲线上单击,线被选中,单击线上的控制点,拖动至满意的位置,单击即可,如图 3-34。当显示弦高线时,此时按小键盘数字键可改变弦的等份数,移动控制点可调整至弦高线上,光标上的数据为曲线长和调整点的弦高,如图 3-35。(显示和隐藏弦高:Ctrl +H)

② 定量调整控制点:用该工具选中线后,把光标移在控制点上,敲回车键,如图 3-36 所示。

③ 在线上增加控制点、删除曲线或折线上的控制点:单击曲线或折线,使其处于选中状态,在没点的位置用左键单击为加点(或按 Insert 键),或把光标移至曲线点上,按 Insert 键可使控制点可见,在有点的位置单击右键为删除(或按 Delete 键),如图 3-37 所示。

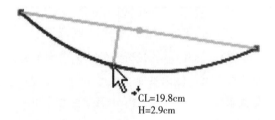

CL=19.8cm
H=2.9cm

图3-34 调整曲线上的控制点

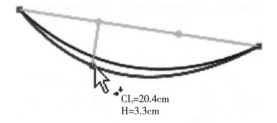

CL=20.4cm
H=3.3cm

图3-35 按数字键并调整控制点位置

图3-36 定量调整控制点

④ 在选中线的状态下,把光标移至控制点上按 Shift 可在曲线点与转折点之间切换。在曲线与折线的转折点上,如果把光标移在转折点上击鼠标右键,曲线与直线的相交处自动顺滑,在此转折点上如果按 Ctrl 键,可拉出一条控制线,可使得曲线与直线的相交处顺滑相切,如图 3-38 所示。

⑤ 用该工具在曲线上单击,线被选中,敲小键盘的数字键,可更改线上的控制点个数,如图 3-39 所示。

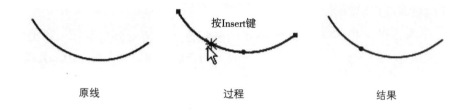

图3-37　增加和删除控制点

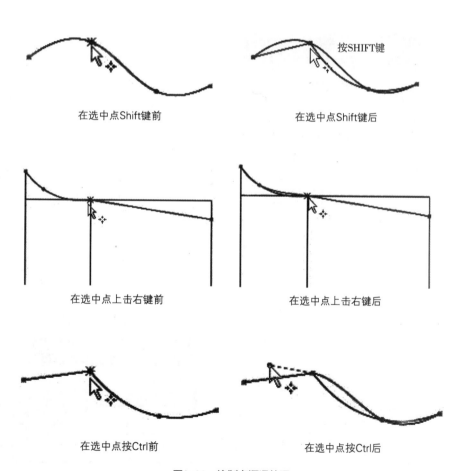

图3-38　控制点顺滑处理

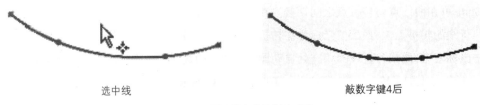

选中线   敲数字键4后

图3-39　更改线上的控制点个数

（2）调整多个控制点

① 按比例调整多个控制点

方法一：如下图 3-40，调整点 C 时，点 A、点 B 按比例调整。

操作：

a. 如果在调整结构线上调整，先把光标移在线上，拖选 AC，光标变为平行拖动 ，如图

3-41。

b. 按 Shift 切换成按比例调整光标如图 3-42，单击点 C 并拖动，弹出"比例调整"对话框（如果目标点是关键点，直接把点 C 拖至关键点即可。如果需在水平或垂直或在 45 度方向上调整按住 Shift 键即可）。

c. 输入调整量，点击"确定"即可。

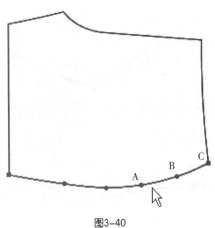

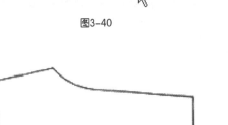

图3-40

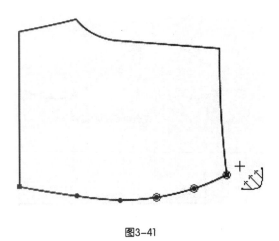

图3-41

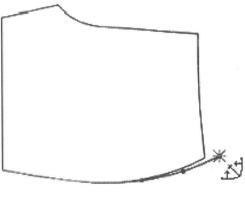

图3-42

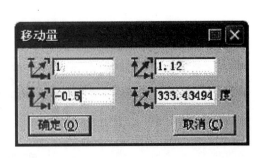

方法二：在纸样上按比例调整时,让控制点显示,操作与在结构线上类似,如图3-43所示。

②平行调整多个控制点

操作:拖选需要调整的点,光标变成平行拖动,单击其中的一点拖动,弹出"平行调整"对话框,输入适当的数值,确定即可,如图3-44所示。

③移动框内所有控制点

操作:左键框选按回车键,会显示控制点,在对话框输入数据,这些控制点都偏移,如图3-45所示。

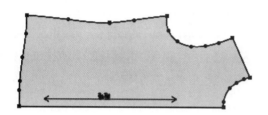
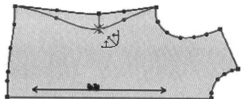

图3-43　按Shift在水平或垂直或45度方向上调整

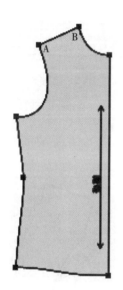

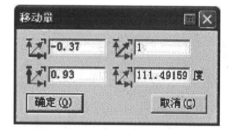

图3-44　平行调整多个控制点

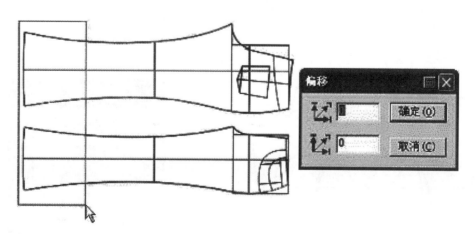

图3-45　移动框内所有控制点

④ 只移动选中线

操作：右键框选线按回车键，输入数据，点击确定即可，如图3-46所示。

（3）修改钻孔（眼位或省褶）的属性及个数：

用该工具在钻孔（眼位或省褶）上击右键，会弹出钻孔（眼位或省褶）的属性对话框，修改其中参数确定即可。

2. 合并调整（快捷键 N ）

功能：将线段移动旋转后调整，常用于调整前后袖笼、下摆、省道、前后领口及肩点拼接处

等位置的调整。适用于纸样、结构线。

操作：

（1）如图3-47，用鼠标左键依次点选或框选要圆顺处理的曲线 a、b、c、d，击右键。

（2）如图3-48，再依次点选或框选与曲线连接的线1线2、线3线4、线5线6，击右键，弹出对话框。

（3）如图3-49，夹圈拼在一起，用左键可调整曲线上的控制点。如果调整公共点按Shift键，则该点在水平垂直方向移动。

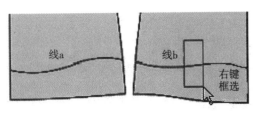

右键框选后

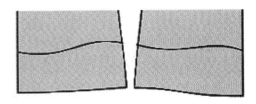

偏移结果

图3-46　移动选中线

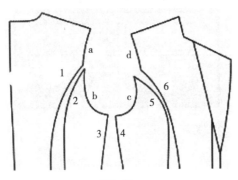

图3-47

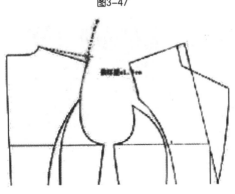

图3-49

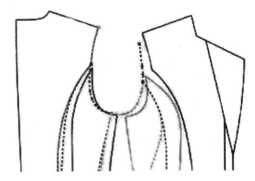

图3-48

（4）调整满意后,击右键。

"合并调整"对话框参数说明

"选择翻转组"如下图3-50,前后浪为同边时,则勾选此选项再选线,线会自动翻转,如图3-51。

"手动保形"选中该项,您可自由调整线条;

"自动顺滑"选中该项,软件会自动生成后条顺滑的曲线,无需调整。

3. 对称调整(快捷键 M)

功能:对纸样或结构线对称后调整,常用于对领的调整。

操作(如图3-52所示):

（1）单击或框选对称轴(或单击对称轴的起止点)。

（2）再框选或者单击要对称调整的线,击右键。

（3）用该工具单击要调整的线,再单击线上的点,拖动到适当位置后单击。

（4）调整完所需线段后,击右键结束。

操作(3)说明:

调整过程中,在有点的位调整拖动鼠标为调整(如点 B),光标移在点上按 DELETE 为删除该点(纸样上两线相接点不删除),光标移在点上(如点 B 点 C)按 Shift 键,为更改点的类型,在没点的位置单击为增加点;在结构线上调整时,在空白处按下 Shift 键是切换调整与复制。按住 Shift 键不松手,在两线相接点上(如点 A)调整,会"沿线修改"。

4. 省褶合起调整

功能:把纸样上的省、褶合并起来调整。只适用于纸样。

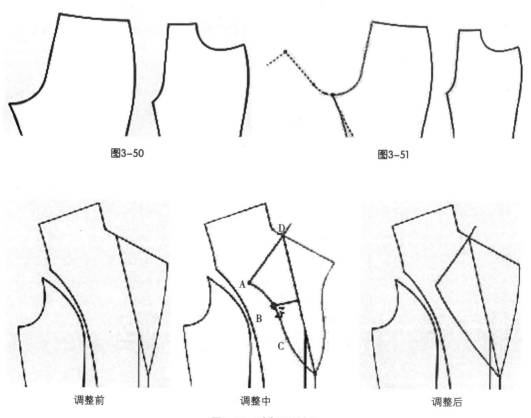

图3-50　　　　　　　　　　　　图3-51

调整前　　　　　　　调整中　　　　　　　调整后

图3-52 .对称调整过程

操作：

（1）如图3-53,用该工具依次点击省1、省2后击右键后为图3-54。

（2）单击中心线,如图3-55,就用该工具调

整省合并后的腰线,满意后击右键。

提示：

如果在结构线上做的省褶形成纸样后,用该工具前需要用"纸样工具栏"中相应的省或

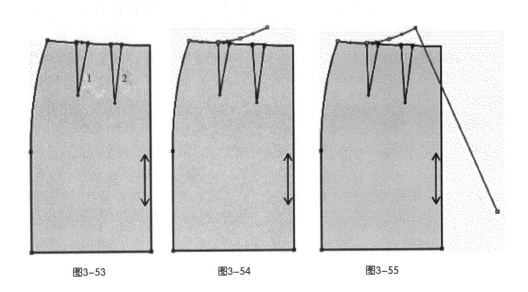

图3-53   图3-54   图3-55

褶工具做成省元素或褶元素。

5. 曲线定长调整

功能：在曲线长度保持不变的情况下,调整其形状。对结构线、纸样均可操作。

操作（如图3-56所示）

（1）用该工具点击曲线,曲线被选中。

（2）拖动控制点到满意位置单击即可。

6. 线调整

功能：检查或调整两点间曲线的长度、两点间直度,也可以对端点偏移调整、自由调整。适用于纸样、结构线。

操作：

（1）如图3-57所示,用该工具点选或者框选一条线,弹出线调整对话框。

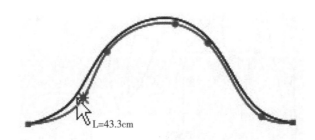

L=43.3cm

图3-56   曲线定长调整

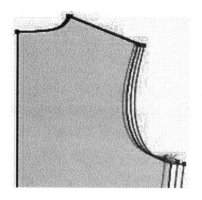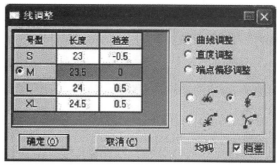

图3-57　线调整

（2）选择调整项，输入恰当的数值，确定即可调整。

（3）按住 Shift 键，再框选或点选线，线的一端即可自由移动（目标点必须是可见点），如图 3-58 所示。

移动点说明：

在框选线或点选线的情况下，距离框选或点选较近的一端点为修改点（有亮星显示）。如果调整一个纸样上的两段线，拖选两线段的首尾端，第一个选中的点为修改点（有亮星显示）。

"线调整" 参数说明（如图 3-59 所示）：

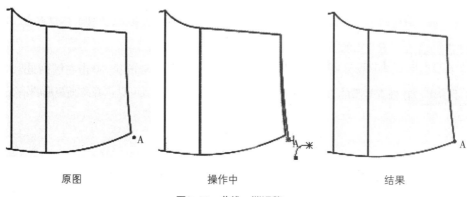

| 原图 | 操作中 | 结果 |

图3-58　曲线一端调整

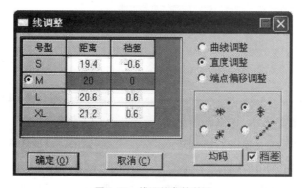

图3-59　线调整参数说明

选择"曲线调整",左表格中显示的为长度和增减量,可以在此输入新的长度或增减量;当勾选"档差"时,增减量处显示成档差,可以档差的方式输入。

![icon] 亮星点沿水平方向移动。

![icon] 亮星点沿垂直方向移动。

![icon] 亮星点沿两点连线的方向移动。

![icon] 线的两端点不动,曲线长度变化。

选择"直度调整",左表格中显示的为距离/增减量,可以在此输入新的直度或增减量;当勾选"档差"时,增减量处显示成档差,可以档差的方式输入。

![icon] 亮星点沿水平方向移动。

![icon] 亮星点沿垂直方向移动。

![icon] 亮星点沿两点连线的方向移动。

![icon] 两点沿两点连线方向同时移动。

选择"端点偏移调整"

![各码相等] 在任意号型的 DX 中输入数据,再单击该按钮,所有号型的 DX 数据相等;

![均码] 在任意号型的 DY 中输入数据,

再单击该按钮,所有号型的 DY 数据相等;在相邻的两个号型中输入数据,再单击该按钮,所有号型的均等显示数据。

7. ![icon] 智能笔(快捷键 F)

功能:用来画线、作矩形、调整、调整线的长度、连角、加省山、删除、单向靠边、双向靠边、移动(复制)点线、转省、剪断(连接)线、收省、不相交等距线、相交等距线、圆规、三角板、偏移点(线)、水平垂直线、偏移等综合了多种功能。

操作:

(1)单击左键

① 单击左键则进入"画线"工具,具体过程如图 3-60 所示。

a. 在空白处或关键点或交点或线上单击,进入画线操作。

b. 光标移至关键点或交点上,按回车以该点作偏移,进入画线类操作。

c. 在确定第一个点后,单击右键切换丁字尺(水平和垂直和 45 度线)、任意直线。用 Shift切换折线与曲线。

② 按下 Shift 键,单击左键则进入"矩形"工具(常用于从可见点开始画矩形的情况)。

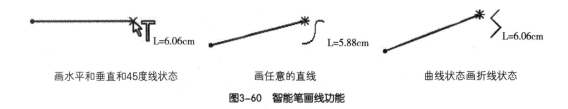

画水平和垂直和45度线状态　　　　　画任意的直线　　　　　曲线状态画折线状态

图3-60　智能笔画线功能

(2)单击右键

① 在线上单击右键则进入"调整工具";

② 按下 Shift 键,在线上单击右键则进入"调整线长度"。在线的中间击右键为两端不变,调整曲线长度。如果在线的一端击右键,则在

这一端调整线的长度,如图 3-61 所示。

(3)左键框选

① 如果左键框住两条线后单击右键为"角连接",如图 3-62 所示。

② 如果左键框选四条线后,单击右键则为

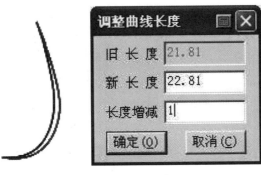

在线的中间部分击右键　　　　　在线的一端击右键

图3-61　单击右键线调功能

鼠标在所示之处击右键　　　　　连角后的两线段

图3-62　左键框选角连接

"加省山"；说明：在省的那一侧击右键，省底就向那一侧倒，如图3-63所示。

③ 如果左键框选一条或多条线后，再按Delete键则删除所选的线。

④ 如果左键框选一条或多条线后，再在另外一条线上单击左键，则进入"靠边"功能，如图3-64所示，在需要线的一边击右键，为"单向靠边"。如果在另外的两条线上单击左键，为"双向靠边"。

⑤ 左键在空白处框选进入"矩形"工具。

⑥ 按下 Shift 键，如果左键框选一条或多条线后，单击右键为"移动（复制）"功能，用 Shift 键切换复制或移动，按住 Ctrl 键，为任意方向移动或复制。

⑦ 按下 Shift 键，如果左键框选一条或多条线后，单击左键选择线则进入"转省"功能。

（4）右键框选

① 右键框选一条线则进入"剪断（连接）线"功能。

② 按下 Shift 键，右键框选框选一条线则进入"收省"功能。

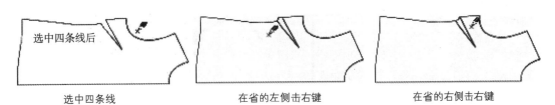

选中四条线后　　　　　　　　　　　　　　　　　　　　　

选中四条线　　　　　　　在省的左侧击右键　　　　　在省的右侧击右键

图3-63　智能笔加省山

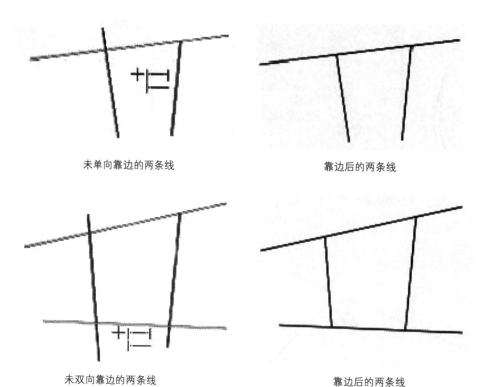

未单向靠边的两条线　　　　　　　　　　　靠边后的两条线

未双向靠边的两条线　　　　　　　　　　　靠边后的两条线

图3-64　智能笔切换靠边功能

（5）左键拖拉

① 在空白处，用左键拖拉进入"画矩形"功能。

② 左键拖拉线进入"不相交等距线"功能，如图3-65所示。

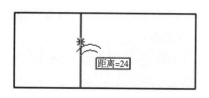

图3-65　不相交等距线功能

③ 在关键点上按下左键拖动到一条线上放开进入"单圆规"。

④ 在关键点上按下左键拖动到另一个点上放开进入"双圆规"。

⑤ 按下 Shift 键，左键拖拉线则进入"相交等距线"，再分别单击相交的两边，如图3-66所示。

⑥ 按下 Shift 键，左键拖拉选中两点则进入"三角板"，再点击另外一点，拖动鼠标，做选中线的平行线或垂直线，如图3-67所示。

拖腰线后　　　　　　　　　　　再单击两相交线

图3-66　相交等距线功能

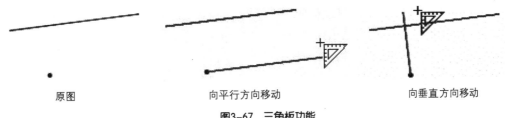

图3-67 三角板功能

（6）右键拖拉

① 在关键点上，右键拖拉进入"水平垂直线"（右键切换方向），如图 3-68 所示。

② 按下 Shift 键，在关键点上，右键拖拉点进入"偏移点和偏移线"（用右键切换保留点／线），如图 3-69 所示。

（7）回车键：取"偏移点"

8. ▢ 矩形（快捷键 S）

功能：用来做矩形结构线、纸样内的矩形辅助线。

操作：

（1）用该工具在工作区空白处或关键点上单击左键，当光标显示 X,Y 时，输入长与宽的尺寸（用回车输入长与宽，最后回车确定）。

（2）或拖动鼠标后，再次单击左键，弹出"矩形"对话框，在对话框中输入适当的数值，单击"确定"即可。

（3）用该工具在纸样上做出的矩形，为纸样的辅助线。

注意：

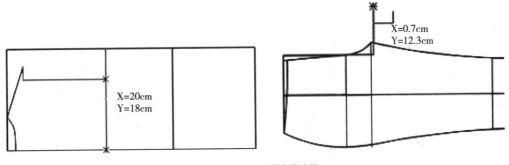

图3-68 水平垂直线功能

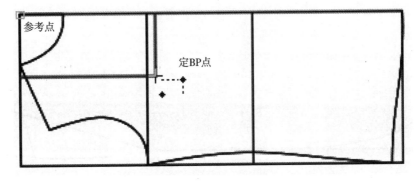

图3-69 点和线偏移功能

（1）如果矩形的起点或终点与某线相交，则会有两种不同的情况，其一为落在关键点上，将无对话框弹出；其二为落在线上，将弹出"点的位置"对话框，输入数据，"确定"即可。

（2）起点或终点落关键点上时，可按ENTER以该点偏移。

9. 圆角

功能：在不平行的两条线上，做等距或不等距圆角。用于制作西服前幅底摆，圆角口袋。适用于纸样、结构线。

操作：

（1）选择圆角工具，在工作区击右键光标可在 与 切换， 为切角保留， 为切角删除。

（2）用该工具分别点击或框选要做圆角的两条线，如图3-70线1、线2。

（3）在结构图内移动光标，再单击弹出对话框。

（4）输入适合的数据，点击确定即可。

10. 三点圆弧

功能：过三点可画一段圆弧线或画三点圆。适用于画结构线、纸样辅助线。

操作：

（1）按 Shift 键在三点圆 与三点圆弧 间切换。

（2）切换成 光标后，分别单击三个点即可作出一个三点圆。

（3）切换成 光标后，分别单击三个点即可作出一段弧线。

11. CR 圆弧

功能：画圆弧、画圆。适用于画结构线、纸样辅助线。

操作：

（1）按 Shift 键在 CR 圆 与 CR 圆弧 间切换。

（2）光标为 时，在任意一点单击定圆心，拖动鼠标再单击，弹出"半径"对话框。

（3）输入圆的适当的半径，单击"确定"即可。

（注：CR 圆弧的操作与 CR 圆操作一样。）

12. 角度线

功能：作任意角度线，过线上（线外）一点作垂线、切线（平行线）。结构线、纸样上均可操作。

操作：

（1）在已知直线或曲线上作角度线

① 如下图示，点 C 是线 AB 上的一点。先单击线 AB，再单击点 C，此时出现两条相互垂直的参考线，按 Shift 键，两条参考线在图 3-71 与图 3-72 间切换。

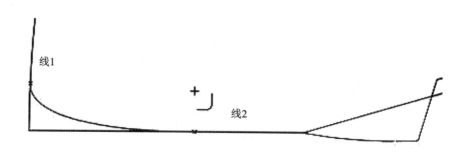

图3-70　圆角功能

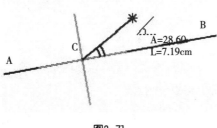

图3-71   图3-72

② 在上两图任一情况下,击右键切换角度   ③ 在所需的情况下单击左键,弹出对话框,
起始边,图 3-73 是图 3-71 的切换图。   如图 3-74 所示。

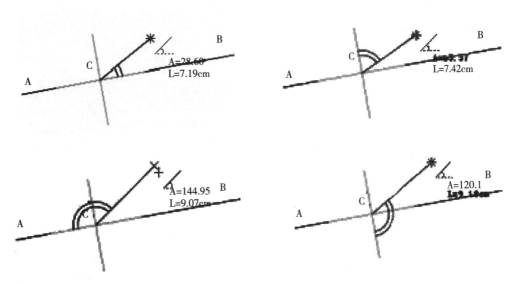

图3-73　参考线切换功能

图3-74　角度线数值输入对话框

④ 输入线的长度及角度,点击"确定"即可。

（2）过线上一点或线外一点作垂线

① 如图 3-75 所示,先单击线,再单击点 A,此时出现两条相互垂直的参考线,按 Shift 键,切换参考线与所选线重合。

② 移动光标使其与所选线垂直的参考线靠近,光标会自动吸附在参考线上,单击弹出对话框。

③ 输入垂线的长度,单击确定即可。

（3）过线上一点作该线的切线或过线外一点作该线的平行线

① 如图 3-76 所示,先单击线,再单击点 A,

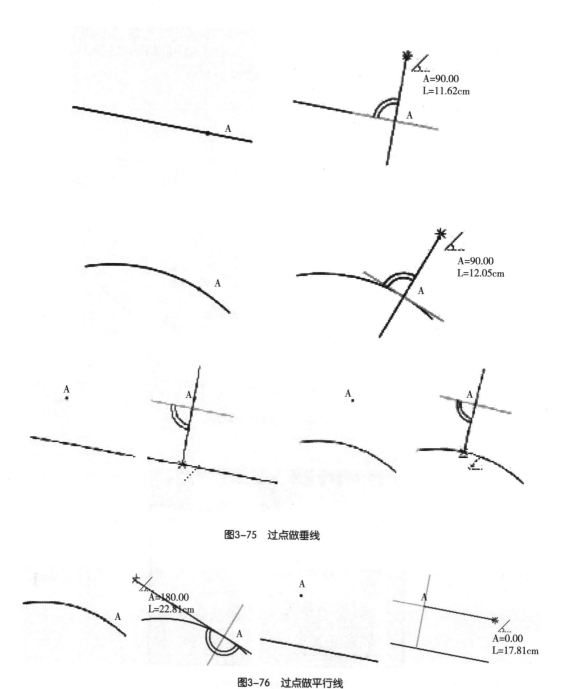

图3-75　过点做垂线

图3-76　过点做平行线

此时出现两条相互垂直的参考线,按 Shift 键,切换参考线与所选线平行。

② 移动光标使其与所选线平行的参考线靠近,光标会自动吸附在参考线上,单击,弹出对话框。

③ 输入平行线或切线的长度,单击确定即可。

"角度线"参数说明(如图 3-77 所示):

图3-77　角度线参数

"长度"指所作线的长度。

指所作的角度。

"反方向角度"勾选后 里的角度为 360 度与原角度的差。

13. 点到圆或两圆之间的切线

功能:作点到圆或两圆之间的切线。可在结构线上操作也可以在纸样的辅助线上操作。

操作:

(1)单击点或圆。

(2)单击另一个圆,即可作出点到圆或两个圆之间的切线。

14. 等份规(快捷键 D)

功能:在线上加等份点、在线上加反向等距点。在结构线上或纸样上均可操作。

操作:

(1)用 Shift 键切换 在线上加两等距光标与 等份线段光标(右键来切换 ,实线为拱桥等份)。

(2)在线上加反向等距点:单击线上的关键点,沿线移动鼠标再单击,在弹出的对话框中输入数据,确定即可,如图 3-78 所示。

(3)等份线段:在快捷工具栏等份数中输入份数,再用左键在线上单击即可。如果在局部线上加等份点或等份拱桥,单击线的一个端点后,再在线中单击一下,再单击另外一端即可,如图 3-79。

技巧:

如果等份数小于 10,直接敲击小键盘数字键就是等份数。

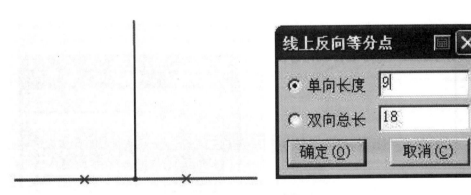

图3-78　反向等分功能

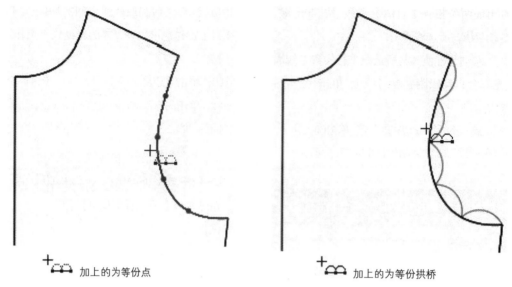

＋ 🚗 加上的为等份点　　　　　　　＋ 🌉 加上的为等份拱桥

图3-79　等份线段功能

15. 🖍 点

功能：在线上定位加点或空白处加点。适用于纸样、结构线。

操作：

（1）用该工具在要加点的线上单击，靠近点的一端会出现亮星点，并弹出"点的位置"对话框，

（2）输入数据，确定即可。

16. 🔺 圆规（快捷键 C）

功能：

单圆规。作从关键点到一条线上的定长直线。常用于画肩斜线、夹直、裤子后腰、袖山斜线等。

双圆规。通过指定两点，同时作出两条指定长度的线。常用于画袖山斜线、西装驳头等。纸样、结构线上都能操作。

操作：

（1）单圆规。以后片肩斜线为例，用该工具，单击领宽点，释放鼠标，再单击落肩线，弹出"单圆规"对话框，输入小肩的长度，按"确定"即可，如图 3-80 所示。

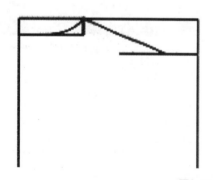

图3-80　单圆规功能

（2）双圆规。（袖肥定下后，根据前后袖山弧线定袖山点）分别单击袖肥的两个端点 A 点和 B 点，向线的一边拖动并单击后弹出"双圆规"对话框，输入第 1 边和第 2 边的数值，单击"确定"，找到袖山点，如图 3-81 所示。

技巧：

双圆规的偏移功能，作牛仔裤后袋。如下图选中 A、B 两点，再把鼠标移在点 C 上击键盘 Enter 键，在弹出的"偏移量"对话框中输入适当的数值，点击确定，作出线 AC' 和 BC'，如图 3-82 所示。

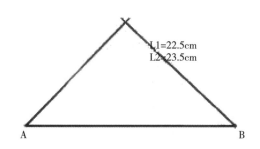

图3-81 双圆规功能

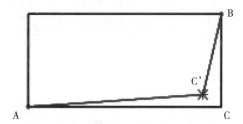

图3-82 双圆规偏移功能

17. ✂ 剪断线(快捷键 Z)

功能：用于将一条线从指定位置断开，变成两条线。或把多段线连接成一条线。可以在结构线上操作也可以在纸样辅助线上操作。

剪断操作：

（1）用该工具在需要剪断的线上单击，线变色，再在非关键上单击，弹出"点的位置"对话框；

（2）输入恰当的数值，点击确定即可；如果选中的点是关键点（如等份点或两线交点或线上已有的点），直接在该位置单击，则不弹出对话框，直接从该点处断开。

连接操作：

用该工具框选或分别单击需要连接线，击右键即可。

18. ✐ 关联 / 不关联

功能：端点相交的线在用调整工具调整时，使用过关联的两端点会一起调整，使用过不关联的两端点不会一起调整。在结构线、纸样辅助线上均可操作。端点相交的线默认为关联。

操作：

✐ 关联光标，✐ 不关联光标，两者之间用 Shift 键来切换。

（1）用 ✐ 关联工具框选或单击两线段，

即可关联两条线相交的端点。关联后，调整一条线的端点，另一条线的端点也同时移动，如图3-83所示。

（2）用  不关联工具框选或单击两线段，即可不关联两条线相交的端点。不关联后，调整一条线的端点，另一条线的端点不会同时移动，如图3-84所示。

19. 橡皮擦（快捷键 E）

功能：用来删除结构图上点、线，纸样上的辅助线、剪口、钻孔、省褶等。

操作：

（1）用该工具直接在点、线上单击，即可。

（2）如果要擦除集中在一起的点、线，左键框选即可。

20. 收省

功能：在结构线上插入省道。只适用于结构线上操作。

操作：如图3-85所示

（1）用该工具依次点击收省的边线、省线，弹出"省宽"对话框。

（2）在对话框中，输入省量，步骤1。

（3）点击"确定"后，移动鼠标，在省倒向的一侧单击左键，步骤2。

（4）用左键调整省底线，最后击右键完成，步骤3。

21. 加省山

功能：给省道上加省山。适用在结构线上操作。

操作：

（1）用该工具，依次单击倒向一侧的曲线或直线（如下图示省倒向侧缝边，先单击1，再单击2）；

（2）再依次单击另一侧的曲线或直线（如图3-86所示，先单击3，再单击4），省山即可补上。

图3-83 关联功能

图3-84 不关联功能

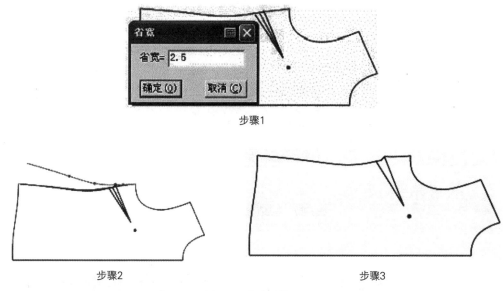

图3-85　收省功能

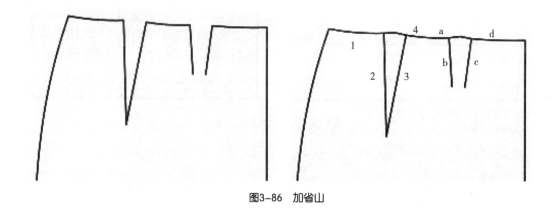

图3-86　加省山

如果两个省都向前中线倒,那么可依次点击4、3、2、1,d、c、b、a。

22. 插入省褶

功能:在选中的线段上插入省褶,纸样、结构线上均可操作。常用于制作泡泡袖,立体口袋等。

有展开线操作(如图3-87所示):

(1)用该工具框选插入省的线,击右键(如果插入省的线只有一条,也可以单击)。

(2)框选或单击省线或褶线,击右键,弹出

"指定线的省展开"对话框。

(3)在对话框中输入省量或褶量,选择需要的处理方式,确定即可。

无展开线的操作,如图3-88所示:

(1)用该工具框选插入省的线,击右键两次,弹出"指定段的省展开"对话框(如果插入省的线只有一条,也可以单击左键再击右键,弹出"指定段的省展开"对话框)。

(2)在对话框中输入省量或褶量、省褶长度等,选择需要的处理方式,确定即可。

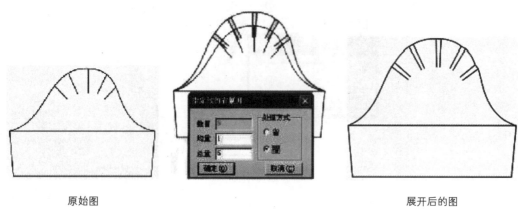

原始图   展开后的图

图3-87   有展开线插入省褶

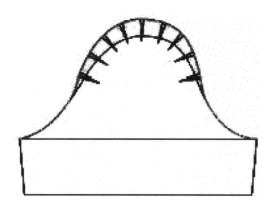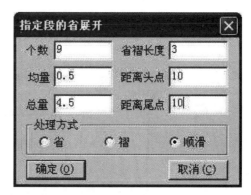

图3-88   无展开线插入省褶

23. 🖐 转省

功能:用于将结构线上的省作转移。可同心转省,也可以不同心转,可全部转移也可以部分转移,也可以等分转省,转省后新省尖可在原位置也可以不在原位置。适用于在结构线上的转省,如图 3-89 所示。

操作:

(1)框选所有转移的线。

(2)单击新省线(如果有多条新省线,可框选)。

(3)单击一条线确定合并省的起始边,或单击关键点作为转省的旋转圆心。

(4)转省操作有如下几种情况。

① 全部转省:单击合并省的另一边(用左键单击另一边,转省后两省长相等,如果用右键单击另一边,则新省尖位置不会改变)。

② 部分转省:按住 Ctrl,单击合并省的另一边(用左键单击另一边,转省后两省长相等,如果用右键单击另一边,则新省尖位置不会改变)。

③ 等分转省:输入数字为等分转省,再击合并省的另一边,(用左键单击另一边,转省后两省长相等,如果用右键单击另一边,则不修改省尖位置)。

现在用图 3-90 所示说明省量全部转移的步骤。

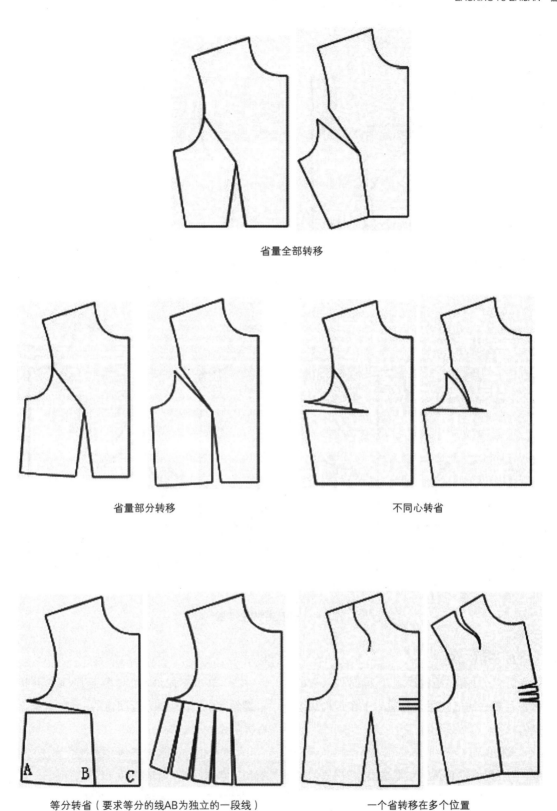

省量全部转移

省量部分转移　　　　　　　　　　不同心转省

等分转省（要求等分的线AB为独立的一段线）　　　一个省转移在多个位置

图3-89　不同转省位置和形态

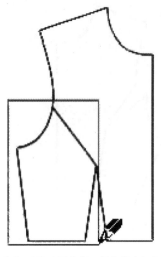
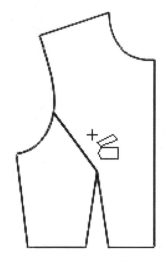

步骤1（框选操作线，操作线变红）　　　步骤2（单击新省线，新省线变蓝，再击右键）

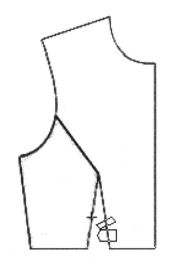
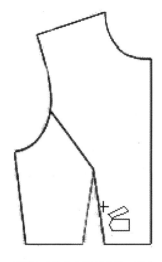

步骤3（单击合并省的起始边，　　　步骤4（单击合并省的另一边）　　　结果
此线变绿）

图3-90　省量全部转移步骤

24. ⬛ 褶展开

功能：用褶将结构线展开,同时加入褶的标识及褶底的修正量。只适用于在结构线上操作。

操作：

（1）用该工具单击和框选操作线,按右键结束;

（2）单击上段线,如有多条则框选并按右键结束(操作时要靠近固定的一侧,系统会有

提示);

（3）单击下段线,如有多条则框选并按右键结束(操作时要靠近固定的一侧,系统会有提示);

（4）单击和框选展开线,击右键,弹出"刀褶和工字褶展开"对话框(可以不选择展开线,需要在对话框中输入插入褶的数量);

（5）在弹出的对话框中输入数据,按"确定"键结束,如图3-91所示。

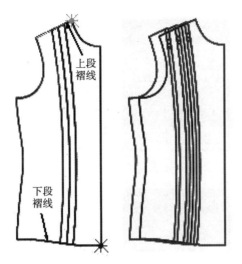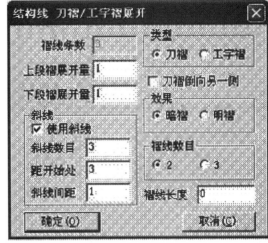

图3-91　褶展开功能

"刀褶和工字褶展开"对话框说明：

褶线条数：如果没有选择展开线，在该项中可输入褶线条数。

上段褶：第一步框选所有操作线后，先选择为上段褶线。

下段褶：第一步框选所有操作线后，后选择为下段褶线。

褶线长度：如果输入 0，表示按照完整的长度来显示；如果输入不等于 0 的长度，则按照给定的长度显示。

25. 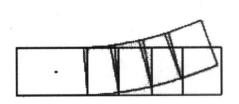 分割和展开和去除余量

功能：对结构线进行修改，可对一组线展开或去除余量。适用于在结构线上操作。常用于

对领、荷叶边、大摆裙等的处理。

操作（如图 3-92 所示）：

（1）用该工具框选（或单击）所有操作线，击右键。

（2）单击不伸缩线（如果有多条框选后击右键）。

（3）单击伸缩线（如果有多条框选后击右键）。

（4）如果有分割线，单击或框选分割线，单击右键确定固定侧，弹出"单向展开或去除余量"对话框（如果没有分割线，单击右键确定固定侧，弹出"单向展开或去除余量"对话框）。

（5）输入恰当数据，选择合适的选项，确定

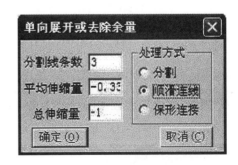

按照指定分割线伸缩

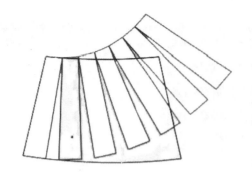

平均展开

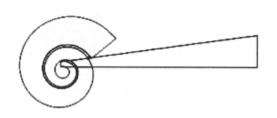

平均展开

图3-92　分割/展开/去除余量操作

即可。

"单向展开或去余量"对话框说明:如图 3-89 所示。

(1)在伸缩量中,输入正数为展开,输入负数为去除余量;

(2)对话框中处理方式,

① 选择"分割",输入伸缩量,确定后伸缩线分割开但没有连接;

② 选择"顺滑连接",输入伸缩量,确定后伸缩线会顺滑连接起来;

③ 选择"保形连接",输入伸缩量,确定后伸缩线从伸缩位置连接起来。

26. 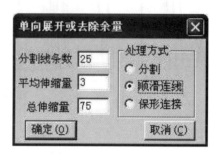 荷叶边

功能:做螺旋荷叶边。只针对结构线操作。

操作:有以下两种情况。

(1)在工作区的空白处单击左键,在弹出的"荷叶边"对话框(可输入新的数据),按"确定"即可,如图 3-93。

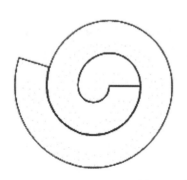

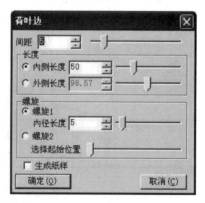

图3-93　直接产生荷叶边操作

（2）单击或框选所要操作的线后,击右键,弹出"荷叶边"对话框,有3种生成荷叶边的方式,选择其中的一种,按确定即可（螺旋3可更改数据）,如图3-94所示。

27.  比较长度 快捷键R

功能:用于测量一段线的长度、多段线相加所得总长、比较多段线的差值,也可以测量剪口到点的长度。在纸样、结构线上均可操作。

操作:

选线的方式有点选（在线上用左键单击）、框选（在线上用左键框选）、拖选（单击线段起点按住鼠标不放,拖动至另一个点）三种方式。

（1）测量一段线的长度或多段线之和

①选择该工具,弹出"长度比较"对话框。

②在长度、水平X、垂直Y选择需要的选项。

③选择需要测量的线,长度即可显示在表中。

（2）比较多段线的差值

如图3-95所示,比较袖山弧长与前后袖笼的差值。

①选择该工具,弹出"长度比较"对话框。

②选择"长度"选项。

③单击或框选袖山曲线击右键,再单击或框选前后袖笼曲线,表中"L"为容量。

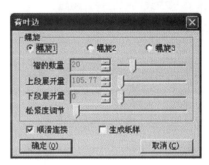

图3-94 按线产生荷叶边操作

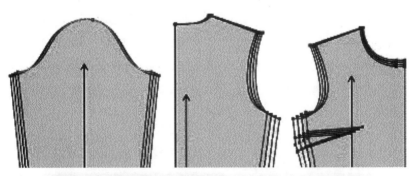

号型	L	DL	DDL	统计+	统计-
S	1.5	0	0	43.5	42
M	1.5	0	0	45	43.5
L	1.8	0.3	0.3	46.5	44.7
XL	1.8	0.3	0	48	46.2

图3-95 比较多段线的差值

"长度比较"参数说明：如图3-95所示。

a. L：表示"统计＋"与"统计－"的差值。

b. DL（绝对档差）：表示L中各码与基码的差值。

c. DDL（相对档差）：表示L中各码与相邻码的差值。

d. "统计＋"：击右键前选择的线长总和。

e. "统计－"：击右键后选择的线长总和。

f. ○长度 如果选中线的为曲线这里就是曲度长度，如果选中线为直线这里就是直线的长度。

g. ○水平X 指选中线两端的水平距离。

h. ○垂直Y 指选中线两端的垂直距离。

i. 清除 单击可删除选中表文本框中的数据。

j. 记录 点击可把L下边的差值记录在"尺寸变量"中，当记录两段线（包括两段线）以上的数据时，会自动弹出"尺寸变量"对话框。

k. 打印 单击可打印当前的统计数值与档差。

注意：该工具默认是比较长度，按Shift可切换成测量两点间距离。

（3） 测量两点间距离

功能：用于测量两点（可见点或非可见点）间或点到线直线距离或水平距离或垂直距离、

两点多组间距离总和或两组间距离的差值。在纸样、结构线上均能操作。

操作：

① 如图3-96所示，测量肩点至中心线的垂直距离。

切换成该工具后，分别单击肩点与中心线，击右键两次，即可弹出测量对话框。

② 如图3-97所示，测量半胸围。

a. 切换成该工具。

b. 分别单击点A与中心线c。

c. 再单击点B与中心线d，击右键两次，即可弹出测量对话框。

③ 如图3-98所示，测量前腰围与后腰围的差值。

a. 用该工具分别单击点A、点B，点C、点D，击右键。

b. 再分别单击点E、点F，点G、前中心线，击右键，即可弹出测量对话框。

"测量"参数说明：如图3-98所示。

"距离"：两组数值的直线距离差值。

"水平距离"：两组数值的水平距离差值。

"垂直距离"：两组数值的垂直距离差值。

"档差"：勾选档差，基码之外的码以档差显示数据。

"记录"：点击可把距离下的数据记录在"尺

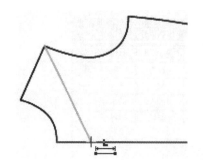

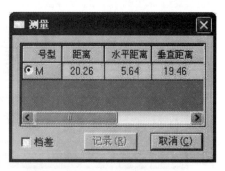

图3-96　测量肩点至中心线的垂直距离

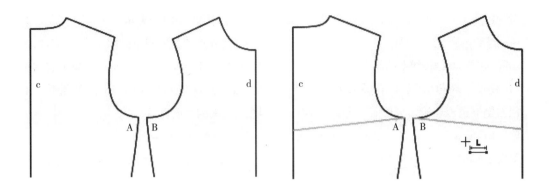

图3-97　测量半胸围

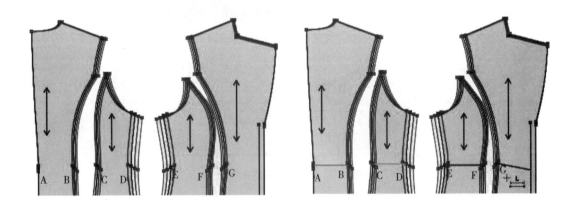

图3-98　测量前腰围与后腰围的差值

寸变量"中。

28. 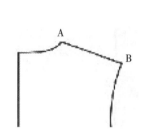 量角器

功能:在纸样、结构线上均能操作。

(1)测量一条线的水平夹角、垂直夹角

用左键框选或点选需要测量一条线,击右键,弹出角度测量对话框。如图3-99所示,测量肩斜线AB角度。

(2)测量两条线的夹角

框选或点选需要测量的两条线,击右键,弹出角度测量对话框,显示的角度为单击右键位置区域的夹角。如图3-100所示,测量后幅肩斜线与夹圈的角度。

(3)测量三点形成的角

如图3-101所示,测量点A、点B、点C三

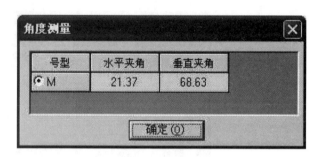

图3-99　测量一条线的水平夹角、垂直夹角

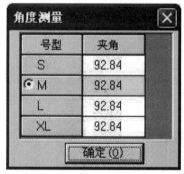

图3-100　测量两条线的夹角

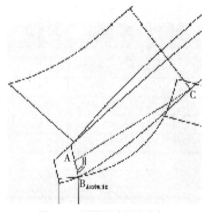

图3-101　测量三点形成的角

点形成角度,先单击点 A,再分别单击点 B、点 C,即可弹出角度测量对话框。

(4)测量两点形成的水平角、垂直角

按下 Shift 键,点击需要测量的两点,即可弹出角度测量对话框。如图 3-102 所示,测量点 A、点 B 的角度。

29. 旋转

功能:用于旋转复制或旋转一组点或线。适用于结构线与纸样辅助线。

操作:

(1)单击或框选旋转的点、线,击右键。

(2)单击一点,以该点为轴心点,再单击任意点为参考点,拖动鼠标旋转到目标位置。

说明:该工具默认为旋转复制,复制光标为 ,旋转复制与旋转用 Shift 键来切换,旋转光标为 。

30. 对称 快捷键 K

功能:根据对称轴对称复制(对称移动)结构线或纸样。

操作:

(1)该工具可以线单击两点或在空白处单击两点,作为对称轴;

(2)框选或单击所需复制的点线或纸样,击右键完成。

说明:

(1)该工具默认为复制,复制光标为 ,复制与移动用 Shift 键来切换,移动光标为

(2)对称轴默认画出的是水平线或垂直线 45 度方向的线,击右键可以切换成任意方向。

31. 移动 快捷键 G

功能:用于复制或移动一组点、线。

操作:

(1)用该工具框选或点选需要复制或移动的点线,击右键。

(2)单击任意一个参考点,拖动到目标位置后单击即可。

(3)单击任意参考点后,击右键,选中的线在水平方向或垂直方向上镜像,如图 3-103 所示。

说明:

(1)该工具默认为复制,复制光标为 ,复制与移动用 Shift 键来切换,移动光标为 。

(2)按下 Ctrl 键,在水平或垂直方向上移动。

(3)复制或移动时按 Enter 键,弹出位置偏移对话框。

32. 对接

功能:用于把一组线向另一组线上对接。如图 3-104 步骤 1 所示,把后幅的线对接到前幅上。

方法一:

(1)如图 3-104 步骤 2 所示,用该工具让光标靠近领宽点单击后幅肩斜线。

(2)再单击前幅肩斜线,光标靠近领宽点,击右键。

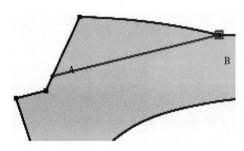

图3-102　测量两点形成的水平和垂直角

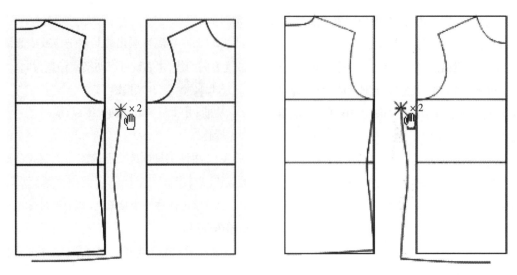

图3-103　移动点和线

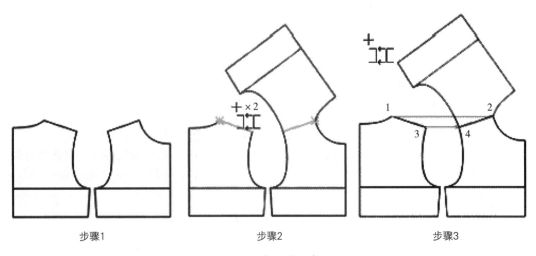

步骤1　　　　　　　　　　步骤2　　　　　　　　　　步骤3

图3-104　对接功能示意图

（3）框选或单击后幅需要对接的点线，最后击右键完成。

方法二：

（1）如上图步骤3，用该工具依次单击1、2、3、4点。

（2）再框选或单击后幅需要对接的点线，击右键完成。

33. ✂ 剪刀（快捷键W）

功能：用于从结构线或辅助线上拾取纸样。

操作：

方法一：用该工具单击或框选围成纸样的线，最后击右键，系统按最大区域形成纸样，如图3-105方式1。

方法二：按住Shift键，用该工具单击形成纸样的区域，则有颜色填充，可连续单击多个区域，最后击右键完成，如图3-105方法2。

方法三：用该工具单击线的某端点，按一个方向单击轮廓线，直至形成闭合的图形。拾取

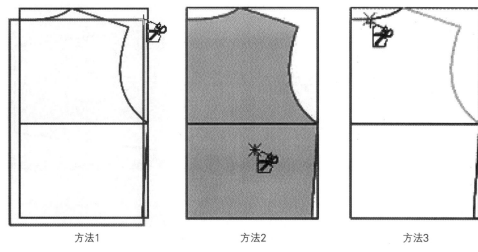

方法1　　　　　　　方法2　　　　　　　方法3

图3-105　剪样片的三种方法

时如果后面的线变成绿色,击右键则可将后面
的线一起选中,完成拾样,如图 3-105 方式 3。
单击线、框选线、按住 Shift 键单击区域填色,第
一次操作为选中,再次操作为取消选中。

三种操作方法都是在最后击右键形成纸
样,工具即可变成衣片辅助线工具。

注意:

选中剪刀,击右键可切换成片衣拾取辅助
线工具。

说明:

该工具默认为对接复制,对接复制与对接
用 Shift 键来切换。

34. 衣片辅助线

功能:从结构线上为纸样拾取内部线。

操作:

(1)选择剪刀工具,击右键光标变成 $^{+}\mathcal{B}$ 。

（2）单击纸样,相对应的结构线变兰色。

（3）用该工具单击或框选所需线段,击右键
即可。

（4）如果希望将边界外的线拾取为辅助线,
那么直线点选两个点在曲线上点击 3 个点来
确定。

35. 拾取内轮廓

功能:在纸样内挖空心图。可以在结构线
上拾取,也可以将纸样内的辅助线形成的区域
挖空。

在结构线上拾取内轮廓操作:

（1）用该工具在工作区纸样上击右键两次
选中纸样,纸样的原结构线变色,如图 3-106 步
骤 1。

（2）单击或框选要生成内轮廓的线。

（3）最后击右键,如图 3-106 步骤 2。

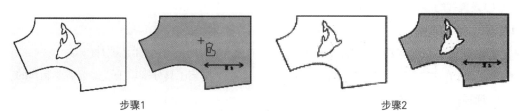

步骤1　　　　　　　　　　　　步骤2

图3-106　结构线上拾取内轮廓

151

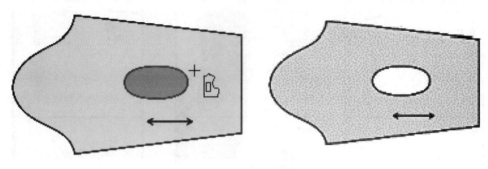

图3-107 挖空纸样操作

辅助线形成的区域挖空纸样操作(如图3-107所示):

(1)用该工具单击或框选纸样内的辅助线;

(2)最后击右键完成。

提 示:在该工具状态下,按住Shift键,击右键可弹出"纸样资料"对话框。

36. ▒▒▒ 设置线的颜色线型

功能:用于修改结构线的颜色、线类型、纸样辅助线的线类型与输出类型。

说明:

▭ 用来设置粗细实线及各种虚线; ▭ 用来设置各种线类型; ▭ 用来设置纸样内部线是绘制、切割、半刀切割。

操作:

(1)选中线型设置工具,快捷工具栏右侧会弹出颜色、线类型及切割画的选择框。

(2)选择合适的颜色、线型等。

(3)设置线型及切割状态,用左键单击线或左键框选线。

(4)设置线的颜色,用右键单击线或右键框选线。

如果把原来的细实线改成虚线长城线,选中该工具,在 ▭ 选择适合的虚线,在 ▭ 选择长城线,用左键单击或框选需要修改的线即可。如果要把原来的细实线改为虚线,

操作在 ▭ 选择适合的虚线,用左键单击或框选需要修改的线即可。

线型尺寸的设置操作:

(1)只对特殊的线型如波浪线、折折线、长城线有效。

(2)选中这些线型中的其中一种,光标上显示线型的回位长和线宽,可用键盘输入数据更改回位长和线宽,第一次输入的数值为回位长,敲回车键再输入的数值为线宽,再击回车确定。

(3)在需要修改的线上用左键单击线或左键框选线即可。

提示:选中纸样,按住Shift键,再用该工具在纸样的辅助线上单击,辅助线就变成临时辅助线,临时辅助可以不参与绘图。

37. ▒▒▒ 加入和调整工艺图片

功能:

(1)与"文档"菜单的"保存到图库"命令配合制作工艺图片。

(2)调出并调整工艺图片。

(3)可复制位图应用于办公软件中。

操作:

(1)加入(保存)工艺图片

①用该工具分别单击或框选需要制作的工艺图的线条,击右键即可看见图形被一个虚线框框住,如图3-108所示。

图3-108　框选工艺图线条

② 单击"文档" > "保存到图库"命令。

③ 弹出"保存工艺图库"对话框,选好路径,在文件栏内输入图的名称,单击"保存"即可增加一个工艺图。

（2）调出并调整工艺图片,有两种情况

情况一:在空白处调出

① 用该工具在空白处单击,弹出工艺图库对话框。

② 在所需的图上双击,即可调出该图。

③ 在空白处单击左键为确定,击右键弹出"比例"调整对话框,如图3-109所示。

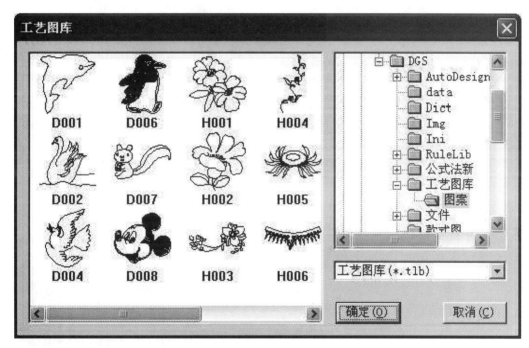

图3-109　工艺图库对话框

说明:用该工具第一次单击或框选点线或字符串时为选中,再次单击或框选为取消选中。

工艺图片的调整:

移动

当鼠标指针放在矩形框内,指针变为如图中形状,单击移动鼠标到适当位置后再单击左键,即可。

水平拉伸

当鼠标指针放在矩形框左右边框线上,指针变为如图中形状,单击拖动鼠标到适当位置后再单击左键,即可。

垂直拉伸

方法同上。

旋转

当鼠标指针放在矩形框的四个边脚上时,指针变为如图中形状,单击拖动鼠标到适当位置后再单击左键,即可。

 按比例拉伸

当鼠标指针放在矩形框的四个边脚上时，按住 Ctrl 键，指针变为图中形状，单击拖动鼠标到适当位置后再单击左键，即可。

说明：在打开工艺图库时，在选中图再单击右键即可修改文件名。

情况一：工艺图片的比例调整

① 用该工具框住整个结构线，击右键两次，弹出"比例"对话框，如图 3-110 所示。

② 在对话框内，输入想要改变的比例，单击"确定"即可。

图3-110　工艺图片比例调整

情况二：在纸样上调出

① 用该工具在纸样上单击，弹出工艺图库对话框。

② 在所需的图上双击，即可调出该图。

③ 在确认前，按 Shift 键在组件与辅助线间切换。

（3）复制位图

用该工具框选结构线，击右键，编辑菜单下的复制位图命令激活，单击之后可粘贴在 WORD, EXCEL 等文件中。

38. T 加文字

功能：用于在结构图上或纸样上加文字、移动文字、修改或删除文字，且各个码上的文字可以不一样。

操作：

（1）加文字

方法一

① 用该工具在结构图上或纸样上单击，弹出"文字"对话框。

② 输入文字，单击"确定"即可

方法二

按住鼠标左键拖动，根据所画线的方向确定文字的角度。

说明：

组件是一个整体，调整、移动或旋转时用调整工具，操作与上述"工艺图片的调整"相同。

（2）移动文字

用该工具在文字上单击，文字被选中，拖动鼠标移至恰当的位置再次单击即可。

（3）修改或删除文字，有两种操作方法。

方法一，把该工具光标移在需修改的文字，当文字变亮后击右键，弹出"文字"对话框，修改或删除后，单击确定即可；

方法二，把该工具移在文字上，字发亮后，敲 Enter 键，弹出"文字"对话框，选中需修改的文字输入正确的信息即可被修改，按键盘"DELETE"，即可删除文字，按方向键可移动文字位置。

"文字"对话框参数说明（如图 3-111 所示）

图3-111　文字对话框

"文字"：用于输入需要的文字。

"角度"：用于设置文字排列的角度。

"高度"：用于设置文字的大小。

"字体"：单击弹出"字体"对话框，其中可

以设置文字的效果、颜色等更多的有关字体的内容。

"号型"：只有在不同号型上加的文字不一样时应用，选中的号型加对话框左面的文字，没选号型不会加。

特殊说明：

文字位置放码操作，用 选择纸样控制点选中文字，用点放码表来放。

三、纸样工具栏

纸样工具栏如图 3-112 所示。

1. 选择纸样控制点

功能：用来选中纸样、选中纸样上边线点、选中辅助线上的点、修改点的属性。

操作：

（1）选中纸样：用该工具在纸样单击即可，如果要同时选中多个纸样，只要框选各纸样的一个放码点即可。

（2）选中纸样边上的点：

● 选单个放码点，用该工具在放码点上用左键单击或用左键框选。

● 选多个放码点，用该工具在放码点上框选或按住 Ctrl 键在放码点上一个一个单击。

● 选单个非放码点，用该工具在点上用左键单击。

● 选多个非放码点，按住 Ctrl 键在非放码点上一个一个单击。

● 按住 Ctrl 键时第一次在点上单击为选中，再次单击为取消选中。

● 同时取消选中点，按 ESC 键或用该工具在空白处单击。

● 选中一个纸样上的相邻点，如图 3-113 步骤一所示选袖笼，用该工具在点 A 上按下鼠标左键拖至点 B 再松手，步骤二为选中状态。

（3）辅助线上的放码点与边线上的放码点重合时：

用该工具在重合点上单击，选中的为边线点。

在重合点上框选，边线放码点与辅助线放码点全部选中。

按住 Shift 键，在重合位置单击或框选，选中的是辅助线放码点。

图3-112　纸样工具栏

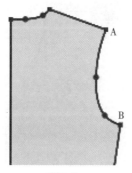

步骤一

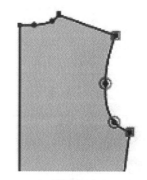

步骤二

图3-113　选择纸样控制点

（4）修改点的属性：在需要修改在点上双击，会弹出"点属性"对话框，如图3-114所示，修改之后单击采用即可。如果选中的是多个点，按回车即可弹出对话框。

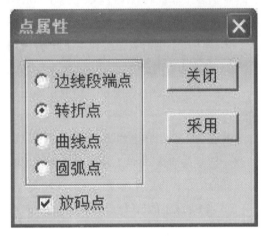

图3-114　点属性对话框

2. 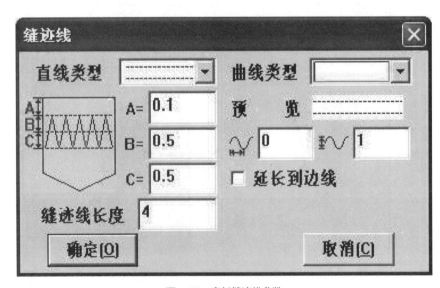 缝迹线

功能：在纸样边线上加缝迹线、修改缝迹线。

操作：

（1）加定长缝迹线。用该工具在纸样某边线点上单击，弹出"缝迹线"对话框，选择所需缝迹线，输入缝迹线长度及间距，确定即可。如果该点已经有缝迹线，那么会在对话框中显示当前的缝迹线数据，修改即可。

（2）在一段线或多段线上加缝迹线。用该工具框选或单击一段或多段边线后击右键，在弹出的对话框中选择所需缝迹线，输入线间距，确定即可。

（3）在整个纸样上加相同的缝迹线。用该工具单击纸样的一个边线点，在对话框中选择所需缝迹线，缝迹线长里输入0即可。或用操作2的方法，框选所有的线后击右键。

（4）在两点间加不等宽的缝迹线。用该工具顺时针选择一段线，即在第一控制点按下鼠标左键，拖动到第二个控制点上松开，弹出"缝迹线"对话框，选择所需缝迹线，输入线间距，确定即可。如果这两个点中已经有缝迹线，那么会在对话框中显示当前的缝迹线数据，修改即可。

（5）删除缝迹线。用橡皮擦单击即可。也可以在直线类型与曲线类型中选第一种无线型。

"定长缝迹线"参数说明（如图3-115所示）：

图3-115　定长缝迹线参数

A. 表示第一条线距边线的距离，A 大于 0 表示缝迹线在纸样内部，小于 0 表示缝迹线在纸样外部。

B. 表示第 2 条线与第 1 条线的距离，计算的时候取其绝对值。

C. 表示第 3 条线与第 2 条线的距离，计算的时候取其绝对值。

"两点间缝迹线"参数说明（如图3-116所示）：

"A1"、"A2"。A1 大于 0 表示缝迹线在纸样内部，小于 0 表示缝迹线在纸样外部，A1、A2表示第一条线距边线的距离。

"B1"、"B2"。表示第 2 条线与第 1 条线的

距离，计算的时候取其绝对值。

"C1"、"C2"。表示第 3 条线与第 2 条线的距离，计算的时候取其绝对值。

这 3 条线要么在边界内部，要么在边界外部。在两点之间添加缝迹线时，可做出起点终点距边线不相等的缝迹线，并且缝迹线中的曲线高度都是统一的，不会进行拉伸。

3. 绗缝线

功能：在纸样上添加绗缝线、修改绗缝线。

添加绗缝线操作：

（1）用该工具单击纸样，纸样边线变色，如图 3-117 步骤 1 所示。

（2）单击参考线的起点、终点(可以是边线

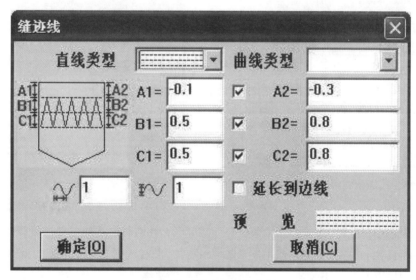

图3-116　两点间缝迹线参数

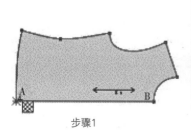

步骤1

步骤2

步骤3

图3-117　添加绗缝线操作

上的点,也可以是辅助线上的点),弹出"绗缝线"对话框,如图3-117步骤2所示;

(3)选择合适的线类型,输入恰当的数值,"确定"即可,如图3-117步骤3所示。

修改绗缝线操作:

用该工具在有绗缝线的纸样上击右键,会弹出相应参数的绗缝线对话框,修改确定即可。

删除绗缝线操作:

可以用橡皮擦,也可以用该工具在有绗缝线的纸样上击右键,在直线类型与曲线中选第一种无线型。

"绗缝线"参数说明(如图3-118所示):

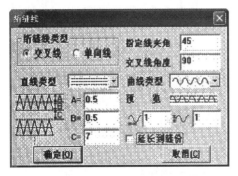

图3-118　绗缝线参数

绗缝线类型。选择交叉线时,角度在交叉线角度中输入;选择单向线时,做出的绗缝线都是平行的。

直线类型。选三线时,A 表示第二条线与第一条线间的距离;B 表示第三条线与第二条线间的距离,选两线时,B 中的数值无效;单线时,A 与 B 中的数值都无效;C 表示两组绗缝线

间的距离。

曲线类型。 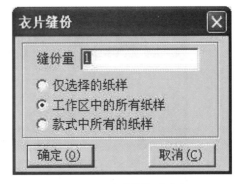 表示曲线的宽度, 表示曲线的高度。

延长到缝份 勾选绗缝线会延长在缝份上,不勾选则不会延长在缝份上。

4. 加缝份

功能:

用于给纸样加缝份或修改缝份量及切角。

操作:

(1)纸样所有边加(修改)相同缝份:用该工具在任一纸样的边线点单击,在弹出"衣片缝份"的对话框中输入缝份量,选择适当的选项,确定即可,如图3-119所示。

图3-119　衣片缝份对话框

(2)多段边线上加(修改)相同缝份量:用该工具同时框选或单独框选加相同缝份的线段,击右键弹出"加缝份"对话框,输入缝份量,选择适当的切角,确定即可,如图3-120所示。

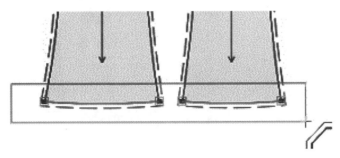

图3-120　多段边线加相同缝份量

（3）先定缝份量，再单击纸样边线修改（加）缝份量：选中加缝份工具后，敲数字键后按回车，再用鼠标在纸样边线上单击，缝份量即被更改，如图3-121所示。

（4）单击边线：用加缝份工具在纸样边线上单击，在弹出的"加缝份"对话框中输入缝份量，确定即可。

（5）拖选边线点加（修改）缝份量：用加缝份工具在1点上按住鼠标左键拖至3点上松手，在弹出的"加缝份"对话框中输入缝份量，确定即可，如图3-122所示。

（6）修改单个角的缝份切角：用该工具在需要修改的点上击右键，会弹出"拐角缝份类型"对话框，选择恰当的切角，确定即可，如图3-123所示。

（7）修改两边线等长的切角：选中该工具

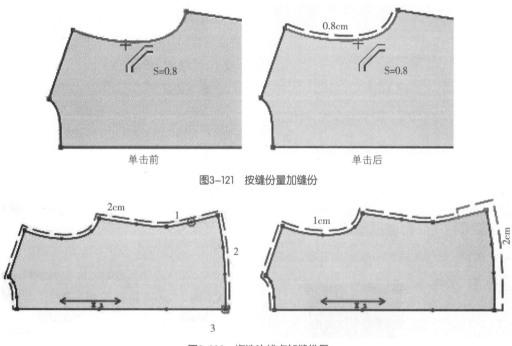

图3-121 按缝份量加缝份

图3-122 拖选边线点加缝份量

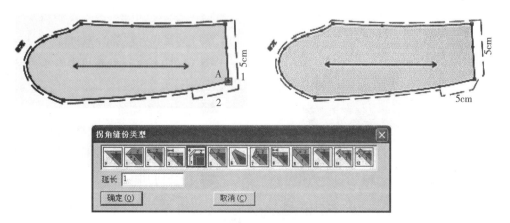

图3-123 修改单个角的缝份切角

的状态下按 Shift 键,光标变为  后,分别在靠近切角的两边上单击即可,如图 3-124 所示。

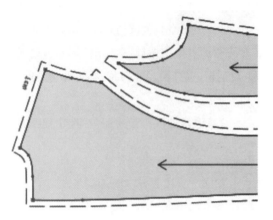

图3-124　修改两边线等长的切角

"加缝边"参数说明:

下面详细讲解"加缝份"对话框中,缝份拐角类型的含义。涉及的缝边都以斜角处为分界,都是按照顺时针方向来区分的,图 ◤ 或 ◣ 指没有加缝份的净纸样上的一个拐角,1 边、2 边是指净样边。

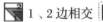1、2 边相交

缝边自然延伸并相交,不做任何处理,为最常用的一种缝份。

按 2 边对幅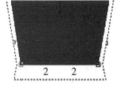

用于做裤脚、底边、袖口等。将 2 边缝边对折起来,并以 1、3 边缝边为基准修正切角。

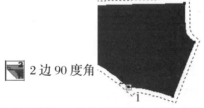2 边 90 度角

2 边延长与 1 边的缝边相交,过交点作 2 边缝边的垂线与 2 边缝边相交切掉尖角,多用于公主线袖窿处。

 角平分线切角

用于做领尖等处。沿角平分线的垂线方向切掉尖角,并可在长度栏内输入该图标中红色线段的长度值。

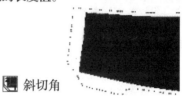

▨ 斜切角

用于做袖叉、裙叉处的拐角缝边,可以在"终点延长"栏内输入该图标中红色线段以外的长度值,即倒角缝份宽。

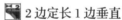2 边定长

1 边缝边延长至 2 边的延长线上,2 边缝份根据长度栏内输入的长度画出,并做延长线的垂线。

2 边定长 1 边垂直

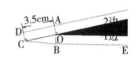

如图,过拐角 O 分别作 1 边、2 边的垂线 OB、OA,过 O 点作 2 边的定长线(延长线)OC(示意图为 3.5cm),再连接 BC,多用于公主线及两片袖的袖窿处。

注:1 边的缝边 BE 与 BC 不在一条直线上。

▨ 按 1 边对幅可参考按 2 边对幅。

▨ 1 边 90 度角可参考 2 边 90 度角。

▨ 1 边定长可参考 2 边定长。

▨ 1 边定长 2 边垂直可参考 2 边定长 1 边垂直。

▨ 12 边垂直切角。

12 边沿拐角分别各自向缝边做垂线,沿交点连线方向切掉尖角。

▨ 12 边切刀眼角

12 边延长线交于缝边,沿交点连线方向切掉尖角。

5. █◖ 做衬

功能：用于在纸样上做朴样、贴样。

操作：

（1）在多个纸样上加数据相等的朴和贴：用该工具框选纸样边线后击右键，在弹出的"衬"对话框中输入合适的数据，即可，如图3-125所示。

（2）整个纸样上加衬：用该工具单击纸样，纸样边线变色，并弹出的对话框，输入数值确定即可，如图3-126所示。

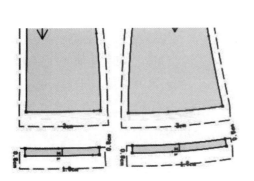
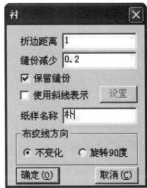

在多个纸样上同时加朴样

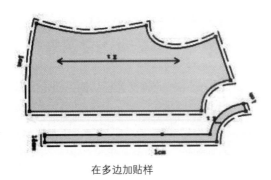
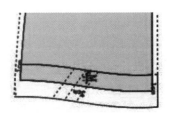

在多边加贴样   使用斜线表示朴

图3-125   在多个纸样上加数据相等的朴和贴

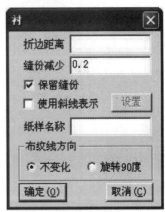
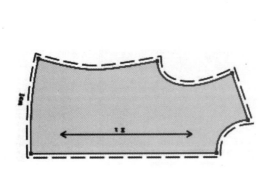

图3-126   整个纸样上加衬

"衬"参数说明：如上图

"折边距离"：输入的数为正数，所做的贴或衬是以选中线向纸样内部进去的距离，如果为负数，所做的纸样是以选中线向纸样外部出去的距离。

"缝份减少"：输入的数为正数，做出的新纸样的缝份减少，如果为负数，做出的新纸样的缝份增大。

"保留缝份"：勾选，所做新纸样有缝份，反之，所做新纸样无缝份。

"使用斜线表示"：勾选，做完朴后原纸样上以斜线表示，反之，没有斜线显示在原纸样上。

"纸样名称"：如果在此对话框输入朴，而原纸样名称为前幅，则新纸样的纸样名称为前幅朴，并且在原纸样的加朴位置显示"朴"字。

"布纹线方向"：选择"不变化"，新纸样的布纹线与原纸样一致。选择"旋转90度"，新纸样的布纹线在原纸样的布纹线上旋转了90度。

6. 剪口

功能：在纸样边线上加剪口、拐角处加剪口以及辅助线指向边线的位置加剪口，调整剪口的方向，对剪口放码、修改剪口的定位尺寸及属性。

操作：

有以下几种情况。

（1）在控制点上加剪口

用该工具在控制上单击即可。

（2）在一条线上加剪口

用该工具单击线或框选线，弹出"剪口"对话框，选择适当的选项，输入合适的数值，点击"确定"即可。

（3）在多条线上同时等距加等距剪口

用该工具在需加剪口的线上框选后再击右键，弹出"剪口"对话框，选择适当的选项，输入合适的数值，点击"确定"即可，如图3-127所示。

（4）在两点间等份加剪口

用该工具拖选两个点，弹出"比例剪口、等分剪口"对话框，选择等分剪口，输入等份数目，确定即可在选中线段上平均加上剪口，如图3-128所示。

（5）拐角剪口

a. 用Shift键把光标切换为拐角光标，单击纸样上的拐角点，在弹出的对话框中输入正常缝份量，确定后缝份不等于正常缝份量的拐角处都统一加上拐角剪口，如图3-129所示。

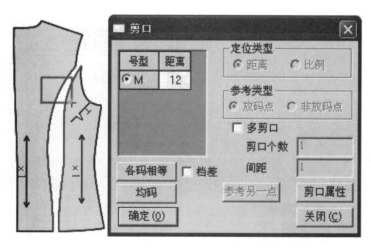
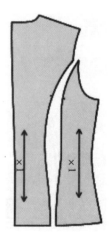

图3-127 多条线上同时等距加等距剪口

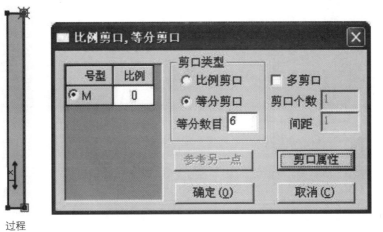

过程   结果

图3-128　在两点间等份加剪口

图3-129　不等于正常缝份量的拐角剪口

b. 框选拐角点即可在拐角点处加上拐角剪口,可同时在多个拐角处同时加拐角剪口,如图3-130所示。

c. 框选或单击线的"中部",在线的两端自动添加剪口,如果框选或单击线的一端,在线的一端添加剪口,如图3-131所示。

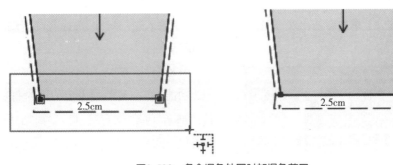

图3-130　多个拐角处同时加拐角剪口

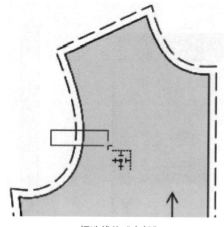
框选线的"中部"

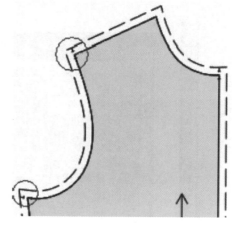
结果

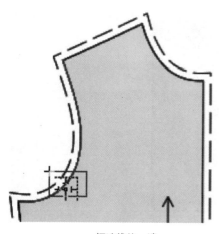
框选线的一端

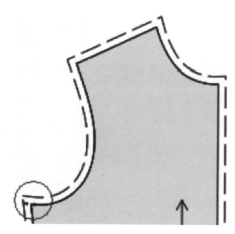
结果

图3-131　线某一端加剪口

（6）辅助线指向边线的位置加剪口

用该工具在辅助线端点上单击，弹出的对话框后单击关闭即可，如图3-132所示。

（7）调整剪口的角度

用该工具在剪口上单击会拖出现一条线，

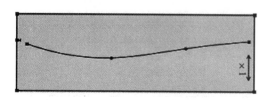

图3-132　辅助线指向边线的位置加剪口

拖至需要的角度单击即可。

（8）对剪口放码、修改剪口的定位尺寸及属性

用该工具在剪口上击右键，弹出"剪口"对话框，可输入新的尺寸，选择剪口类型，最后点"应用"即可。

7. 袖对刀

功能：在袖笼与袖山上的同时打剪口，并且前袖笼、前袖山打单剪口，后袖笼、后袖山打双剪口。

操作：（依次选前袖笼线，前袖山线，后袖笼

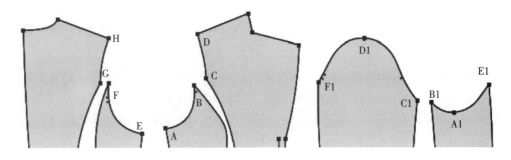

图3-133 袖对刀示意图

线、后袖山线,如图 3-133 所示)

（1）用该工具在靠近 A、C 的位置依次单击或框选前袖笼线 AB、CD,击右键。

（2）再在靠近 A1、C1 的位置依次单击或框选前袖山线 A1B1、C1D1,击右键。

（3）同样在靠近 E、G 的位置依次单击或框选后袖笼线 EF、GH,击右键。

（4）再在靠近 A1、F1 的位置依次单击或框选后袖山线 A1E1、F1D1,击右键,弹出"袖对刀"对话框。

（5）输入恰当的数据,单击"确定"即可。

"袖对刀"对话框参数说明:(如图 3-134 所示)

"号型":号型前打勾或有点时,该码显示,所加剪口也即时显示,对话框中数据可随时

改动。

"袖窿总长":指操作中第一步与第三步的选中线的总长。

"袖山总长":指操作中第二步与第四步的选中线的总长。

"差量":指袖山总长与袖窿总长的差值。

"前袖窿":指剪口距夹底或肩点的长度。

"前袖山容量":指前袖山的剪口距离与前袖笼剪口距离的差值。

"后袖窿":指剪口距夹底或肩点的长度。

"后袖山容量":指后袖山的剪口距离与后前袖笼剪口距离的差值。

"从另一端打剪口":如果选线时是从夹底开始选择的,勾选此项,剪口的距离从肩点开始计算。

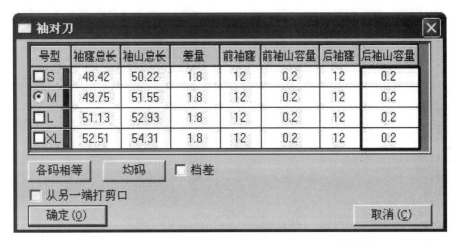

图3-134 袖对刀对话框参数

"各码相等"、"均码"、"档差"参考"褶"对话框说明。

8. 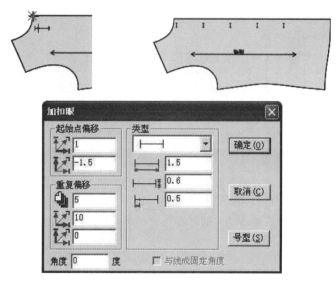 眼位

功能：在纸样上加眼位、修改眼位。在放码的纸样上，各码眼位的数量可以相等也可以不相等。

操作：

（1）根据眼位的个数和距离，系统自动画出眼位的位置。用这种方式加上的对眼位，放码时需要一个一个的放。

① 如图示，用该工具单击前领深点，弹出"眼位"对话框。

② 输入偏移量、个数及间距，确定即可，如图 3-135 所示。

图3-135　眼位操作示意图

"加扣眼"对话框参数说明（如图 3-135 所示）：

"起始点偏移"：指所加第一个眼位与参照点偏移。

"重复"：指同时加的眼位个数。

指相邻眼位间的水平距离，如果加的扣眼在参照点的右边，输入正负，如果加的扣眼在参照点的左边，输入负数。

指相邻眼位间的垂直距离，如果加的扣眼在参照点的上边，输入正负，如果加的扣眼在参照点的下边，输入负数。

"角度"扣眼角度，可以根据纸样的实际需求对扣眼进行不同角度的设置。

"类型"指扣眼有不同的外型，可以在类型后面的下拉三角里去选择不同的扣眼外型

（2）在线上加扣眼，系统会根据扣眼的个数平均分配，放码时只放辅助线的首尾点即可。操作参考加钻孔。

（3）在不同的码上，加数量不等的扣眼。操作参考加钻孔

（4）修改眼位

操作：用该工具在眼位上击右键，即可弹出"扣眼"对话框。

9. 钻孔

功能：在纸样上加钻孔（扣位），修改钻孔（扣位）的属性及个数。在放码的纸样上，各码

钻孔的数量可以相等也可以不相等。

操作:

(1)根据钻孔和扣位的个数和距离,系统自动画出钻孔和扣位的位置。用这种方式加上的对钻孔,放码时需要一个一个的放。

① 如图示,用该工具单击前领深点,弹出"钻孔"对话框。

② 输入偏移量、个数及间距,确定即可,如图 3-136 所示。

"钻孔"对话框参数说明:

"起始点位置":指所加第一个钻孔与参照点偏移;

"个数":指同时加的钻孔个数;

指相邻两钻孔间的水平距离;

指相邻两钻孔间的垂直距离。

注意:

在线上加的钻孔或扣位后,如果用调整工具调整该线的形状,钻孔或扣位的间距依然是等距的,以及距首尾点距离都不会改变。

---

(2)修改钻孔(扣位)的属性及个数。

操作:用该工具在扣位上击右键,即可弹出"扣位"对话框,如图 3-137 所示。

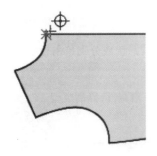

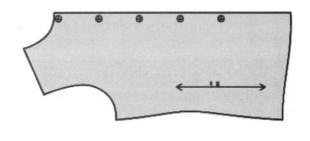

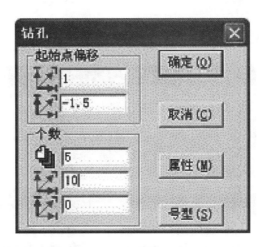

图3-136　钻孔操作示意图

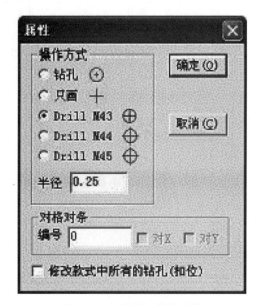

图3-137 钻孔属性对话框参数

"操作方式"

△勾选钻孔,指连接切割机时该钻孔为切割。

△勾选只画,指连接绘图仪、切割机时为只画。

△勾选 Drill M43 或 Drill M44 或 Drill M45,指连接裁床时,砸眼的大小。

"半径":钻孔圆形半径。

"对格对条":设定对条格的编号,及后面的勾选项,到排料中会自动对条格;

"修改本款式中所有的钻孔(扣位)":勾选那么本款式中所有的钻孔(扣位)的操作方式、半径都相同。

"号型"对话框参数数说明:

只有在不同号型加数量不等钻孔时应用,选中的号型加钻孔,没选号型不加钻孔。

10. 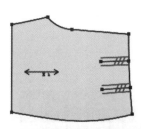 褶

功能:在纸样边线上增加或修改刀褶、工字褶。也可以把在结构线上加的褶用该工具变成褶图元。做通褶时在原纸样上会把褶量加进去,纸样大小会发生变化,如果加的是半褶,只是加了褶符号,纸样大小不改变。

操作:

(1)纸样上有褶线的情况,如图3-138所示。

① 用该工具框选或分别单击褶线,击右键弹出"褶"对话框。

② 输入上下褶宽,选择褶类型。

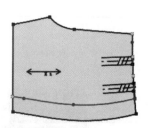

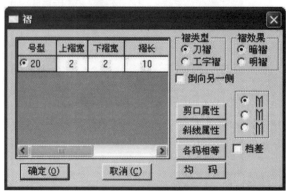

图3-138 褶操作示意图

③ 点击确定后,褶合并起来。

④ 此时,就用该工具调整褶底,满意后击右键即可。

注:该褶线可以是通褶也可以是半褶。

(2)纸样上平均加褶的情况。

① 选中该工具用左键单击加褶的线段。如图3-139所示(多段线时框选线段击右键)。

② 如果做半褶,此时单击右键,弹出半褶对话框,如图3-140所示。

③ 如果需要做通褶,按照步骤1的方式选择褶的另外一段所在的边线,击右键弹出褶对话框,如图3-141所示。

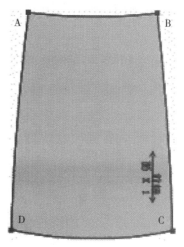

图3-139 待平均加褶的纸样

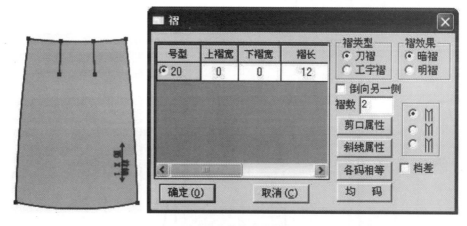

图3-140 待平均加褶的纸样做半褶

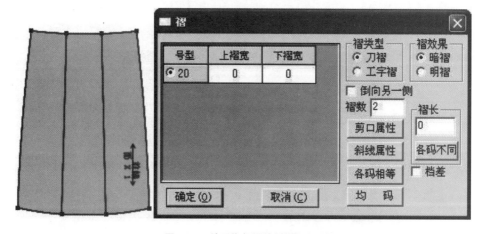

图3-141 待平均加褶的纸样做半通褶

④ 在对话框中输入褶量、褶数等,确定褶合并起来。

⑤ 此时,就用该工具调整褶底,满意后击右键即可。

注意:

右键的位置决定褶展开的方向,同时也决定褶的上下段(靠近右键点击位置的为固定位置,同时靠近右键点击位置的段为上段)。

(3)修改工字褶或刀褶。

① 修改一个褶:用该工具将光标移至工字褶或刀褶上,褶线变色后击右键,即可弹出"褶"对话框。

② 同时修改多个褶:使用该工具左键单击分别选中需要修改的褶后击右键,弹出修改褶对话框(所选择的褶必须在同一个纸样上)。

(4)辅助线转褶图元。

如图3-139,把该工具放在点 A 上按住左键拖至点 B 上松开,同样再放在点 C 上按住左键拖至点 D 上松开,会弹出"褶"对话框,确定后原辅助线就变成褶图元,褶图元上自动带有剪口。

11. V 形省

功能:在纸样边线上增加或修改 V 形省,也可以把在结构线上加的省用该工具变成省图元。

操作:

(1)纸样上有省线的情况,如图 3-142 所示。

① 用该工具在省线上单击,弹出"尖省"对话框。

② 选择合适的选项,输入恰当的省量。

③ 点击确定后,省合并起来。

④ 此时,就用该工具调整省底,满意后击右键即可。

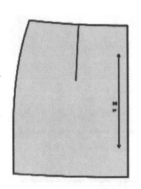
原纸样

加省后调整省底

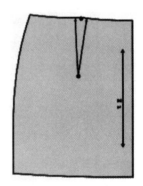
结果

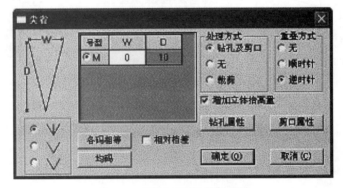

图3-142　纸样上有省线的加V形省

（2）纸样上无省线的情况，如图3-143所示。

① 用该工具在边线上单击，先定好省的位置。

② 拖动鼠标单击，在弹出"尖省"对话框。

③ 选择合适的选项，输入恰当的省量。

④ 点击确定后，省合并起来。

⑤ 此时，就用该工具调整省底，满意后击右键即可。

（3）修改V形省。选中该工具，将光标移至V形省上，省线变色后击右键，即可弹出"尖省"对话框。

（4）辅助线转省图元。如图3-144所示，把该工具先分别在省底A点、B点上单击，再在省尖C点上单击，会弹出"省"对话框，确定后原

辅助线就变成省图元。省图元上自动带有剪口、钻孔。

注意：

加上省后，如果再需要修改省量及剪口、钻孔属性，可用修改工具在省上击右键，即可弹出褶对话框进行修改。

12. 锥形省

功能：在纸样上加锥形省或菱形省。

操作：

（1）如图3-145步骤1所示，用该工具依次单击点A、点B、点C，弹出"锥形省"对话框；

（2）输入省量，点击"确定"即可，如图3-145步骤2所示。

"锥形省"对话参数说明（如图3-146所示）。

W1、W2、D1、D2：分别指省底宽度、省腰宽度、

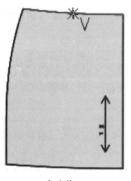
定省位

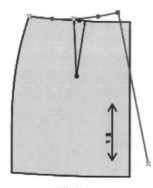
调整省底

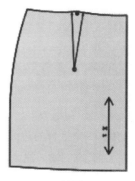
结果

图3-143　纸样无上有省线的加V形省

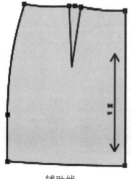
辅助线

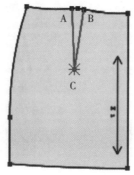
省转省图元过程

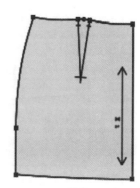
结果

图3-144　辅助线转省图元

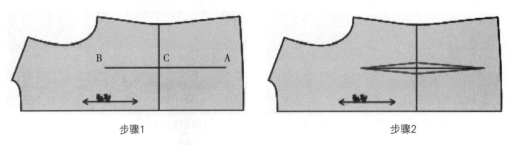

步骤1   步骤2

图3-145 纸样上加菱形省

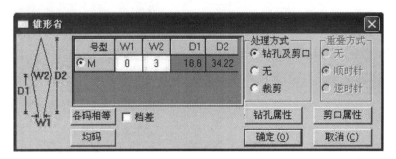

图3-146 锥形省参数

省腰到省底的长度、全省长；

"各码相等"、"均码"、"档差"参照"褶"对话框参数说明；

"钻孔属性"参考"钻孔"对话框参数说明，"剪口属性"参照"剪口"对话框参数说明。

13. 比拼行走

功能：一个纸样的边线在另一个纸样的边线上行走时，可调整内部线对接是否圆顺，也可以加剪口。

操作：

注意：如果不在指定线上加锥形省或菱形省，D1、D2为激活状态，可输入数据。

（1）如图3-147所示，用该工具依次单击点B、点A，纸样二拼在纸样一上，并弹出"行走比拼"对话框。

（2）继续单击纸样边线，纸样二就在纸样一上行走，此时可以打剪口，也可以调整辅助线。

（3）最后击右键完成操作。

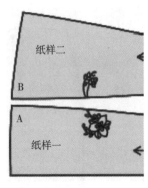

比拼前   比拼中

图3-147 比拼行走

说明：

（1）如果比拼的两条线为同边情况，如图3-148所示，线 a 线 b 比拼时纸样间为重叠，操作前按住 Ctrl 键。

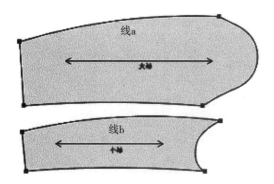

图3-148　比拼的两条线为同边情况

（2）在比拼中，按 Shift 键，分别单击控制点或剪口可重新开始比拼。

"行走比拼"对话框参数说明（如图3-149所示）：

图3-149　行走比拼参数

（1）"固定纸样、行走纸样"后的数据框指加等长剪口时据起始点的长度。

（2）"固定纸样、行走纸样"后的偏移指加剪口时加的容量。

（3）"翻转纸样"比拼时，勾选行走纸样翻转一次，去掉勾选行走纸样再翻转一次。

（4）"自动跳过容拔位，范围"勾选，后面的数据框激活，当对到两剪口时，在显示的范围内两剪口能自动对上位。

（5）"比拼结束后回到初始位置"勾选，比拼结束后行走纸样回到比拼前的位置，反之，行走纸样处于结束前的位置。

14.　布纹线

功能：用于调整布纹线的方向、位置、长度以及布纹线上的文字信息。

操作：

（1）用该工具用左键单击纸样上的两点，布纹线与指定两点平行。

（2）用该工具在纸样上击右键，布纹线以45度来旋转。

（3）用该工具在纸样（不是布纹线）上先用左键单击，再击右键可任意旋转布纹线的角度。

（4）用该工具在布纹线的"中间"位置用左键单击，拖动鼠标可平移布纹线。

（5）选中该工具，把光标移在布纹线的端点上，再拖动鼠标可调整布纹线的长度。

（6）选中该工具，按住 Shift 键，光标会变成T击右键，布纹线上下的文字信息旋转90度。

（7）选中该工具，按住 Shift 键，光标会变成T，在纸样上任意点两点，布纹线上下的文字信息以指定的方向旋转。

注意：布纹线旋转时，纸样不作任何旋转。

15.　旋转衣片

功能：顾名思义，就是用于旋转纸样。

操作：

（1）如果布纹线是水平或垂直的，用该工具在纸样上单击右键，纸样按顺时针90度的旋转。如果布纹线不是水平或垂直，用该工具在纸样上单击右键，纸样旋转在布纹线水平或垂直方向。

（2）用该工具单击左键选中两点，移动鼠标，纸样以选中的两点在水平或垂直方向上旋转。

（3）按住 Ctrl 键，用左键在纸样单击两点，移动鼠标，纸样可随意旋转。

（4）按住 Ctrl 键，在纸样上击右键，可按指定角度旋转纸样。

注意：

旋转纸样时，布纹线与纸样在同步旋转。

16. 🏇 水平垂直翻转

功能：用于将纸样翻转。

操作：

（1）水平翻转与垂直翻转间用 Shift 键切换。

（2）在纸样上直接单击左键即可。

（3）纸样设置了左或右，翻转时会提示"是否翻转该纸样？"

（4）如果真的需要翻转，单击"是"即可。

17. 🖾 水平／垂直校正

功能：将一段线校正成水平或垂直状态，将图 3-150 步骤 1 的线段 AB 校正至步骤 2 的水平状态。常用于校正读图纸样。

操作：

（1）按 Shift 键把光标切换成水平校正 $^+\triangle$（垂直校正为 $^+\triangle$ ）。

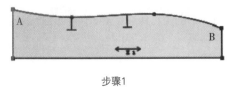

步骤1　　　　　　　　　　　　　步骤2

图3-150　线段AB校正

（2）用该工具单击或框选 AB 后击右键，弹出"水平垂直校正"对话框，如图 3-151 所示。

（3）选择合适的选项，单击"确定"即可。

注意：这是修正纸样不是摆正纸样，纸样尺寸会有变化，因此一般情况只用于微调。

18. 🖾 重新顺滑曲线

功能：用于调整曲线并且关键点的位置保留在原位置，常用于处理读图纸样。

操作：

（1）用该工具单击需要调整的曲线，此时原曲线处会自动生成一条新的曲线（如果中间没有放码点，新曲线为直线，如果曲线中间有放码点，新曲线默认通过放码点）。

（2）用该工具单击原曲线上的控制点，新的曲线就吸附在该控制点上（再次在该点上单击，又脱离新曲线）。

（3）新曲线达到满意后，在空白处再击右键即可，如图 3-152 所示。

19. 🖫 曲线替换

功能（1）：结构线上的线与纸样边线间互换。

图3-151　水平垂直校正对话框

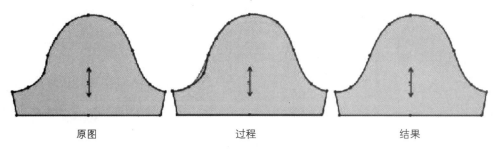

原图　　　　　　　　　　过程　　　　　　　　　　结果

图3-152　重新顺滑曲线

操作：

① 单击或框选线的一端，线就被选中。如果选择的是多条线，第一条线须用框选，最后击右键。

② 击右键选中线可在水平方向、垂直方向翻转。

③移动光标在目标线上，再用左键单击即可。

图 3-153 所示为一个纸样上的边线替另一个纸样上的边线。

（注：在纸样上，拖动两点也可以，如图3-154所示。）

把形态一纸样变成形态二，用该工具选中线 C 后，从点 A 拖选至点 B。

把形态一纸样变成形态三，用该工具选中线 C 后，从点 B 拖选至点 A。

功能（2）：可以把纸样上的辅助线变成

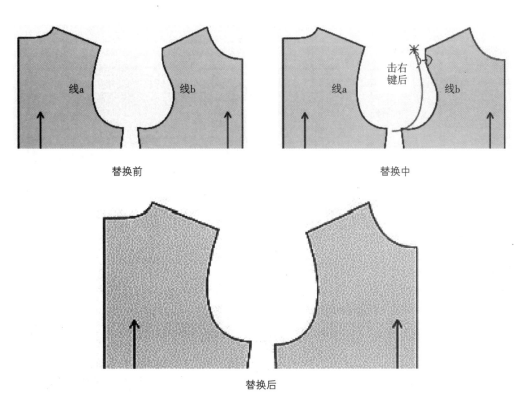

替换前　　　　　　　　　　　　　　替换中

替换后

图3-153　一个纸样上的边线替另一个纸样上的边线

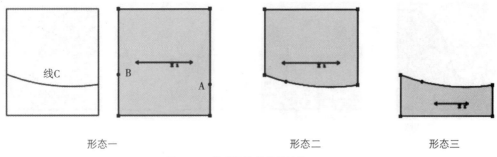

形态一   形态二   形态三

图3-154 拖动两点的曲线替换

边线。

操作：用该工具点选或框选纸样辅助线后，光标会变成此形状，击右键即可，如图3-155所示。

20. 纸样变闭合辅助线

功能：将一个纸样变为另一个纸样的闭合辅助线。

操作：有以下两种情况。

情况一：将 A 纸样变为 B 纸样的闭合辅助线（如图 3-156 所示）

用该工具在 A 纸样的关键点上单击，再在 B 纸样的关键点上单击即可（或敲回车键偏移）。

情况二：将口袋纸样按照后幅纸样中辅助线方向变成闭合辅助线

用该工具先拖选 AB，再拖选 CD。

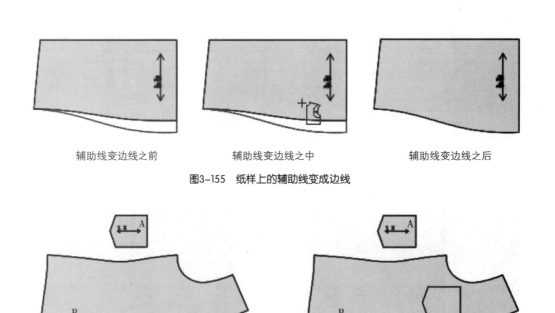

辅助线变边线之前   辅助线变边线之中   辅助线变边线之后

图3-155 纸样上的辅助线变成边线

两个独立纸样   口袋纸样成为前幅纸样上的辅助线

图3-156 将A纸样变为B纸样的闭合辅助线

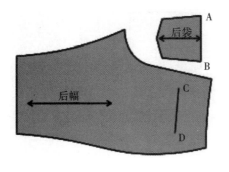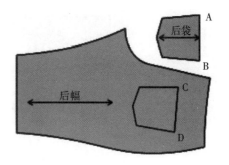

两个独立纸样　　　　　口袋纸样成为前幅纸样上的辅助线

图3-157　将口袋纸样按照后幅纸样中辅助线方向变成闭合辅助线

21. 分割纸样

功能：将纸样沿辅助线剪开。

操作：

（1）选中分割纸样工具。

（2）在纸样的辅助线上单击，弹出下列对话框，如图3-158所示。

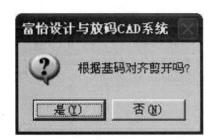

图3-158　分割纸样

22. 合并纸样

功能：

将两个纸样合并成一个纸样。有两种合并方式，A为以合并线两端点的连线合并，B为以曲线合并。

操作：

按SHIFT键在 ⁺🗄（方式A）与 🗄（方式B）间切换。当在第一个纸样上单击后按Shift键在保留合并线 ⁺🗄（🗄）与不保留合并线 ⁺🗄（🗄）间切换。

选中对应光标后有4种操作方法（如图3-159所示）：

a. 直接单击两个纸样的空白处。

b. 分别单击两个纸样的对应点。

c. 分别单击两个纸样的两条边线。

d. 拖选一个纸样的两点，再拖选纸样上两点即可合并。

23. 纸样对称

功能：有关联对称纸样 ⁺🗄 与不关联对称纸样 ⁺🗄 两种功能，关联对称后的纸样，在其中一半纸样的修改时，另一半也联动修改。不关联对称后的纸样，在其中一半的纸样上改动，另一半不会跟着改动。

操作：

（1）关联对称纸样

① 按Shift键，使光标切换为 ⁺🗄。

② 如图3-160步骤1所示，单击对称轴（前中心线）或分别单击点A、点B。

③ 即出现图3-160步骤2，如果需再返回成步骤1的纸样，用该工具按住对称轴不松手，敲Delete键即可。

（2）不关联对称纸样（如图3-161所示）

① 按Shift键，使光标切换为 ⁺🗄。

② 如下步骤1 单击对称轴（前中心线）或

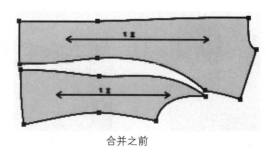

合并之前

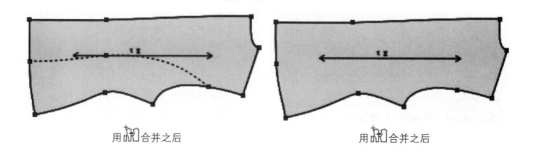

用 合并之后 用 合并之后

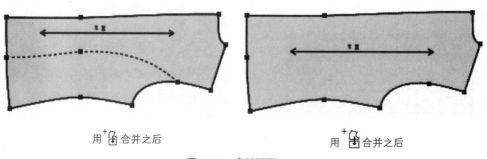

用 合并之后 用 合并之后

图3-159 合并纸样

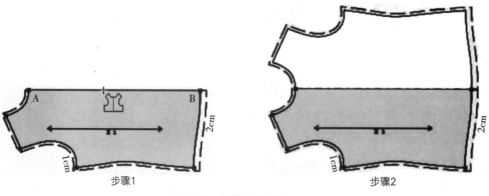

步骤1 步骤2

图3-160 关联对称纸样

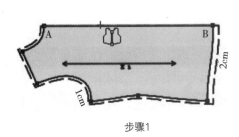
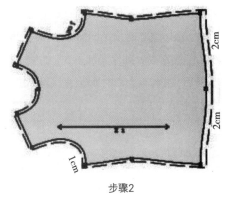

步骤1　　　　　　　　　　　　　　　　　　步骤2

图3-161　不关联对称纸样

分别单击点 A、点 B,即出现步骤2结果。

注意:

如果纸样的两边不对称,选择对称轴后默认保留面积大的一边,如图 3-162 所示。

24. 缩水

功能:根据面料对纸样进行整体缩水处理。针对选中线可进行局部缩水。

整体缩水操作:

(1)选中缩水工具。

(2)在空白处或纸样上单击,弹出"缩水"对话框。

(3)选择缩水面料,选中适当的选项,输入纬向与经向的缩水率,确定即可,如图 3-163 所示。

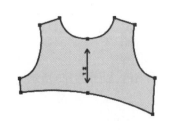
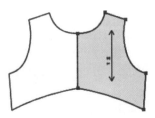
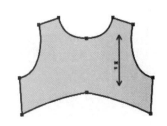

步骤1　　　　　　　　　　　　　　　　　　步骤2

图3-162　不关联对称纸样

序号	1	2	3	4	5	6
纸样名	后中	后侧	后中贴	大袖	小袖	领
旧纬向缩水率	0	0	0	0	0	0
新纬向缩水率	0	0	0	0	0	0
纬向缩放	0	0	0	0	0	0
旧经向缩水率	4	4	4	0	0	4
新经向缩水率	4	4	4	0	0	4
经向缩放	4.17	4.17	4.17	0	0	4.17
加缩水量前的纬向尺寸	20	14.6	22.52	22.94	14.11	34.28
纬向变化量	0	0	0	0	0	0
加缩水量后的纬向尺寸	20	14.6	22.52	22.94	14.11	34.28
加缩水量前的经向尺寸	68.25	53.74	8.42	60.08	50.25	9.27
经向变化量	2.84	2.24	0.35	0	0	0.39
加缩水量后的经向尺寸	71.09	55.98	8.77	60.08	50.25	9.66

仅选择的纸样　　选择面料　纬向缩水率(W)　　纬向缩放　　确定
工作区中的所有纸样　全部面料　经向缩水率(L)　　经向缩放　　取消
款式中所有的纸样

图3-163　缩水操作

说明：

（1）整体缩水能记忆旧缩水率，并且可以更改或去掉缩水率。如原先加了 5% 的缩水率，换新布料后，缩水率为 7%，那么直接输入 7，清除缩水率，输入 0 即可。

（2）更改或清除缩水率时，表格框会颜色填充起警示作用。

（3）缩水与缩放两者之间是连动的，在缩水中输入数据，缩放自动会计算出相应值，同理缩放中输入数据，缩水中也有对应值，两者中只需输入其一。如尺寸为 100，加 10% 的缩水，算法为：100+100*10%+100*10%*10%+100*10%*10%*10%…… ≈ 111.11，而加 10% 的缩放，算法为：100+100*10%=110

局部缩水操作：

（1）单击或框选要局部缩水的边线或辅助线后击右键，弹出"局部缩水"对话框，如图 3-164 所示。

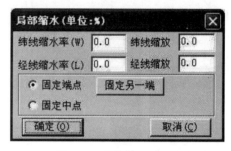

图3-164　局部缩水对话框

（2）输入缩水率，选择合适的选项。

（3）点击"确定"即可。

第四节　菜单及功能说明

一、文档菜单

1. 另存为（A）Ctrl+A

功能：该命令是用于给当前文件做一个备份。

操作：

单击"文档"菜单 > "另存为"，弹出的"另存为"对话框，输入新的文件名或换一个不同的路径，即可另存当前文档，更详尽的内容请查阅 "保存"的说明。

2. 保存到图库

功能：与 "加入和调整工艺图片"工具配合制作工艺图库。

操作：

（1）用 加入和调整工艺图片工具左键框选目标线后击右键，如图 3-165 所示。

图3-165　加入/调整工艺图片

（2）结构线被一个虚线框框住

（3）单击"文档"菜单 > "保存到图库"，弹出"保存到图库"对话框，选择存储路径输入名称，单击"保存"即可。

3. 安全恢复

功能：因断电没有来得及保存的文件，用该

命令可找回来。

操作：

（1）打开软件。

（2）单击"文档"菜单>"安全恢复"，弹出"安全恢复"对话框，如图3-166所示。

（3）选择相应的文件，点击"确定"即可。

图3-166 安全恢复对话框

注意：

要使安全恢复有效，须在"选项"菜单>"系统设置">"自动备份"，勾选"使用自动备份"选项。

4. 档案合并

功能：把文件名不同的档案合并在一起。

操作：

（1）打开一个文件如001。

（2）单击"文档"菜单>"档案合并"，弹出"打开"对话框，在需要合并的文件上双击即可。

条件：

要求合并文件的号型名及对应基码相同。

5. 自动打版

功能：调入公式法打版文件，可以在尺寸规格表中修改需要的尺寸。

操作：

（1）单击"文档"菜单>"自动打版"，弹出"选择款式"对话框，如图3-167所示；

（2）双击所需款式，弹出"自动打版"对话框（如图3-168所示，上左为示意图，上右为结构图，右下为尺寸规格表），尺寸数据可以根据实际情况修改（也可以单击"尺寸表"后的 ⋯ 按扭，选择由三维测量设备测量好的人员数据）；

（3）单击"确定"，纸样与结构图载入系统。

5. 打开 AAMA 和 ASTM 格式文件

功能：可打开 AAMA/ASTM 格式文件，该格式是国际通用格式。

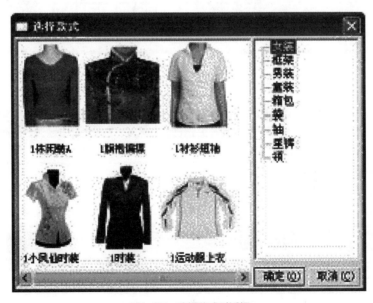

图3-167 选择款式对话框

操作:

(1)单击"文档"菜单 > "打开 AAMA 和 ASTM 格式文件",弹出"打开"对话框,如图 3-169 所示。

(2)选择存储路径,在文件名上双击即可打开。

6. 打开 TIIP 格式文件

功能:用于打开日本的 *.dxf 纸样文件,TIIP 是日本文件格式。

操作:

(1)单击"文档"菜单 > "打开 TIIP 格式文件",弹出"打开"对话框。

(2)选择存储路径,在文件名上双击即可打开。

7. 输出 ASTM 文件

功能:把本软件文件转成 ASTM 格式文件。

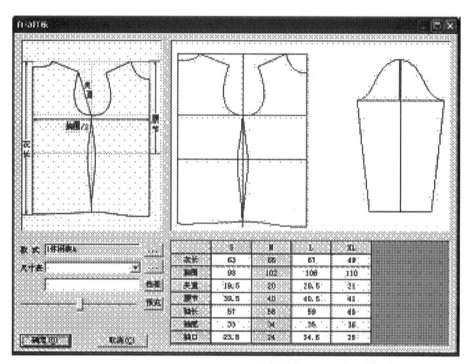

图3-168　自动打版对话框

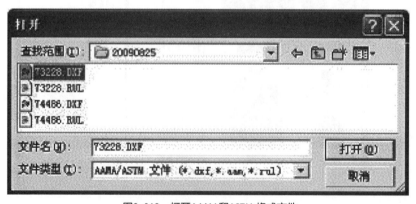

图3-169　打开AAMA和ASTM 格式文件

操作：

（1）首先用"打开"命令把需要输出的文件打开；

（2）单击"文档"菜单 >"输出 ASTM 文件"，弹出"另存为"对话框。

（3）选择保存路径，输入文件名，点击保存即可。

8. 最近用过的 5 个文件

功能：可快速打开最近用过的 5 个文件。

操作：

单击"文档"，单击选一个文件名，即可打开该文件。

9. 退出

功能：该命令用于结束本系统的运行。

操作：

单击"文档"菜单 >"退出"，也可以按标题栏的 ▣（关闭按钮），这时如果打开的文件没有保存，会提示一个对话框，问您是否保存。按"否"，则直接关闭系统，按"是"，如果文档一次也没保存过，则会出现"文档另存为"对话框，选择好路经后按"保存"，则关闭系统，如果原来保存过，只是最近几步操作没保存，按"是"，则文件会以原路径。

二、编辑菜单

1. 复制纸样 (Ctrl+C)

功能：该命令与粘贴纸样配合使用，把选中纸样复制剪贴板上。

操作：

（1）选中需要复制的纸样。

（2）点击"编辑"菜单 >"复制纸样"，即可。

2. 粘贴纸样 (Ctrl+V)

功能：该命令与复制纸样配合使用，使复制在剪贴板的纸样粘贴在目前打开的文件中。

操作：

（1）打开要粘贴纸样的文件；

（2）点击"编辑"菜单 >"粘贴纸样"，即可。

3. 自动排列绘图区

功能：把工作区的纸样进行按照绘图纸张的宽度排列，省去手动排列的麻烦。

操作：

（1）把需要排列的纸样放入工作区中。

（2）单击"编辑"菜单 >"自动排列绘图区"，弹出"自动排列"对话框。

（3）设置好纸样间隙，单击不排的码使其没有填充色，如图 3-170 所示 S 码，单击确定。

（4）工作区的纸样就会按照设置的纸张宽度自动排列。

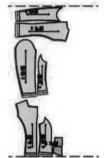

图3-170　S码自动排列绘图区

4. 记忆工作区中纸样位置

功能：当工作区中纸样排列完毕，执行"记忆工作区中纸样位置"，系统就会记忆各纸样在工作区的摆放位置，方便再次应用。

操作：

（1）在工作区中排列好纸样。

（2）单击"编辑"菜单 >"记忆工作区中纸样位置"，弹出"保存位置"对话框，如图 3-171 所示。

（3）选择存储区，即可。

图3-171　记忆工作区中纸样位置

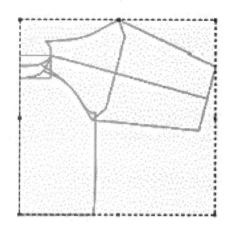

图3-172　复制位图

5. 恢复上次记忆的位置

功能：对已经执行"记忆工作区中纸样位置"的文件，再打开该文件时，用该命令可以恢复上次纸样在工作区中的摆放位置。

操作：

（1）打开应用过"记忆工作区中纸样位置"命令的文件。

（2）单击"编辑"菜单 > "恢复上次记忆的纸样位置"，弹出"恢复位置"对话框。

（3）单击正确的存储区，即可。

6. 复制位图

功能：该命令与 加入和调整工艺图片配合使用，将选择的结构图以图片的形式复制在剪贴板上。

操作：

（1）用 加入和调整工艺图片工具左键框选设计图后击右键，如图3-172所示。

（2）结构图被一个虚线框框住。

（3）单击"编辑"菜单 > "复制位图"，此时所选的结构图被复制。

（4）打开OFFICE软件，如EXCEL或WORD，采用这些软件中的粘贴命令，复制位图就粘贴在这些软件中，可以辅助写工艺单。

三、纸样菜单

1. 款式资料（S）

功能：用于输入同一文件中所有纸样的共同信息。在款式资料中输入的信息可以在布纹线上下显示，并可传送到排料系统中随纸样一起输出。

操作：

单击"纸样"菜单 > "款式资料"，弹出"款式信息框"，如图3-173所示，输入相关的详细信息，单击对应的"设定"按钮，最后点击确定。

"款式信息框"参数说明：

编辑词典：

单击对应 编辑词典，输入使用频率较高的信息并保存，使用时单击旁边的三角按钮，在下拉列表中单击所需的文字即可。

"款式名"指打开文件的款式名称。

"简述"指对文件的简单说明，该信息不会在纸样上显示。

"客户名"可注明为那个客户做的该文件。

"定单号"在此可输入打开文件原的定

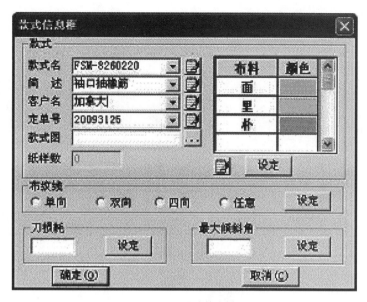

图3-173　款式信息框

单号。

"款式图"显示款式图存储路径。

![按钮] 单击该按钮,找出对应的款式图,则打开文件后,勾选显示菜单下的款式图,款式图就显示。

布料:如果在布料下输入该文件中用的所有布料名,则在纸样资料中选择即可。

颜色:单击颜色下的表格,可设置相应面料在纸样列表框中的显示颜色。

布料下的"设定":单击"设定",弹出"布料"对话框,统一设定所有纸样的布料。如图3-174所示选中"面",则该文件中所有纸样的布料都为面。如果有个别纸样是不同的布料,

图3-174　布料设定

再在"纸样资料"对话框中设定。

2. 纸样资料(P)

功能:编辑当前选中纸样的详细信息。快捷方式为在衣片列表框上双击纸样。

操作:

(1)选中一纸样,单击"纸样"菜单>"纸样资料",弹出"纸样资料"对话框,如图3-167所示,输入各项信息,按"应用"按钮即可。

(2)如果还需对其他纸样编辑信息,可以先不关闭对话框,按"应用"后再选中其他纸样对其编辑。

"纸样资料"说明:

(1)"名称":指选中纸样的名称。

(2)"说明":对选中纸样有特殊说明,可在此输入。

(3)"布料名"的输入:如果在款式资料中输入布料名,在纸样资料中选择即可。

(4)"份数"如果为偶数,在"定位"栏下选择当前纸样是左,则单击"左",再勾选"左右"复选框,则另一份纸样为右片,否则两份都是左片。

(5)![按钮]用于展开或收缩对话框下面部分。

185

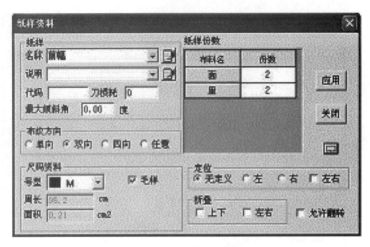

图3-175　纸样资料对话框

3. 总体数据

功能：查看文件不同布料的总的面积或周长，以及单个纸样的面积、周长。

操作：

单击"纸样"菜单 > "总体数据"，弹出"总体数据"对话框，如图 3-176 所示，可以查看所需数据。

说明：

"单纸样数据"勾选时，各纸样的面积、周长是以 1 份纸样计算的。不勾选时是以实际份数计算的。

4. 删除当前选中纸样（D） Ctrl+D

功能：将工作区中的选中纸样从衣片列表框中删除。

操作：

（1）选中要删除的纸样。

（2）单击"纸样"菜单—"删除当前选中纸样"，或者用快捷键 Ctrl+D，弹出对话框。

（3）单击"是"，则当前选中纸样从文件中删除，单击"否"则取消该命令，该纸样没被删除。

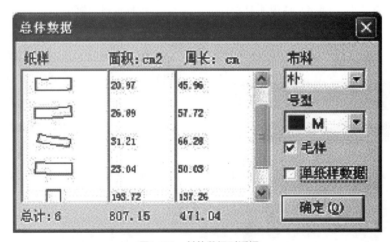

图3-176　总体数据对话框

5.删除工作区中所有纸样

功能：将工作区中的全部纸样从衣片列表框中删除。

操作：

（1）把需要删除的纸样放于工作区中。

（2）单击"纸样"菜单 > "删除工作区中所有纸样"，弹出对话框。

（3）单击"是"，则工作区全部纸样从文件中删除，单击"否"则取消该命令，该纸样没被删除。

6.清除当前选中纸样（M）

功能：清除当前选中的纸样的修改操作，并把纸样放回衣片列表框中。用于多次修改后再回到修改前的情况。

操作：

（1）单击"纸样"菜单 > "清除当前选中纸样"。

（2）工作区中选中的纸样被清除，并返回纸样列表框，如果还想对该纸样进行操作，那么就要重新到纸样列表框去点该纸样。

注意：

清除纸样只把当前选中纸样从工作区放回纸样窗，即使纸样被修改过，放回纸样窗中还与操作前的一样，对在工作区中操作的无效，与删除纸样是不同的。

7.清除纸样拐角处的剪口

功能：用于删除纸样拐角处的剪口。

操作：

（1）选中需要删除拐角的纸样。

（2）单击"纸样"菜单 > "清除纸样拐角处的剪口"，弹出"清除拐角剪口"对话框，如图3-177所示。

（3）选择第一选项，点击"确定"即可。

说明：

（1）如果对工作区纸样或所有纸样操作该命令，直接点击该命令。

（2）用此命令删除的拐角剪口都是用拐角剪口做的。

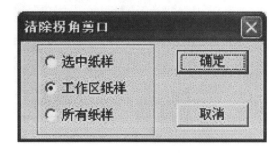

图3-177 清除拐角剪口

8.清除纸样中文字（T）

功能：清除纸样中用T工具写上的文字。（注意：不包括布纹线上下的信息文字）

操作：

（1）选中有"T"文字的纸样。

（2）单击"纸样"菜单 > "清除纸样中文字"，弹出"清除纸样上的文字"对话框，如图3-178所示。

图3-178 清除纸样文字

（3）选择第一选项，点击"确定"即可。

说明：如果对工作区纸样或所有纸样操作该命令，直接点击该命令。

9.删除纸样所有辅助线（Q）

功能：用于删除纸样的辅助线。

操作：

（1）选中需删除辅助线的纸样。

（2）单击"纸样"菜单 > "删除纸样所有辅助线"，弹出"删除纸样所有辅助线"对话框，如图3-179所示。

（3）选择第一选项,点击"确定"即可。

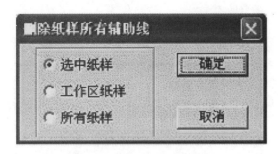

图3-179　删除纸样所有辅助线

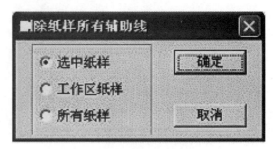

图3-180　重新生成布纹线

说明:

如果对工作区纸样或所有纸样操作该命令,直接点击该命令。

10. 移出工作区全部纸样（U） F12

功能:将工作区全部纸样移出工作区。

操作:

单击"纸样"菜单 >"移出工作区全部纸样",或者用快捷键 F12。

11. 全部纸样进入工作区（Q） Ctrl+F12

功能:将纸样列表框的全部纸样放入工作区。

操作:

（1）单击"纸样"菜单 > "全部纸样进入工作区",或者用快捷键 Ctrl+F12。

（2）纸样列表框的全部纸样,会进入到工作区。

12. 重新生成布纹线（B）

功能:恢复编辑过的布纹线至原始状态。

操作:

（1）选中需要重新定布纹线的纸样。

（2）单击"纸样"菜单 > "重新生成布纹线",弹出"定义布纹线"对话框,如图 3-180 所示。

（3）选择第一选项,点击"确定"即可

说明:

如果对工作区纸样或所有纸样操作该命令,直接点击该命令。

13. 辅助线随边线自动放码

功能:将与边线相接的辅助线随边线自动放码。

操作:

（1） 选中需要随边线放码的纸样。

（2）单击"纸样"菜单 > "辅助线随边线自动放码",弹出"辅助线随边线自动放码"对话框。

（3）选择第一选项,点击"确定"即可。

说明:

如果对工作区纸样或所有纸样操作该命令,直接点击该命令。

14. 边线和辅助线分离

功能:使边线与辅助线不关联。使用该功能后选中辅助线放码时,边线上的放码量保持不变。

操作:

（1）选中需要处理边线与辅助线分离的纸样。

（2）单击"纸样"菜单 > "边线和辅助线分离",弹出"边线和辅助线分离"对话框。

（3）选择第一选项,点击"确定"即可。

说明:

如果对工作区纸样或所有纸样操作该命令,直接点击该命令。

15. 做规则纸样

功能:做圆或矩形纸样。

操作：

（1）单击"纸样"菜单 >"做规则纸样"，弹出"创建规则纸样"对话框，如图 3-181 所示。

（2）根据所需选择选项，输入相应的数值，点击"确定"，新的纸样即可生成。

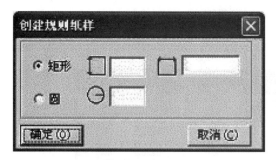

图3-181　复制位图

16. 生成影子

功能：将选中纸样上所有点线生成影子，方便在改版后可以看到改版前的影子。

操作：

（1）选中需要生成影子的纸样。

（2）单击"纸样"菜单 >"生成影子"。

17. 删除影子

功能：删除纸样上的影子。

操作：

（1）选中需要删除影子的纸样。

（2）单击"纸样"菜单 >"删除影子"。

18. 显示和掩藏影子

功能：用于显示或掩藏影子。

操作：

单击"纸样"菜单 >"显示和掩藏影子"，如果用该命令前影子为显示，则用该命令后影子为显示掩藏状态，反之用之前为掩藏，之后就为显示。

19. 移动纸样到结构线位置

功能：将移动过的纸样再移到结构线的位置。

操作：

（1）选中需要操作的纸样。

（2）单击"纸样"菜单 >"移动纸样到结构线位置"，弹出"移动纸样到结构线位置"对话框，如图 3-182 所示。

（3）选择第一选项，点击"确定"即可。

说明：

如果对工作区纸样或所有纸样操作该命令，直接点击该命令。

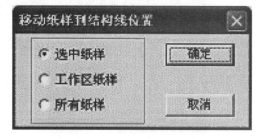

图3-182　移动纸样到结构线位置

20. 纸样生成打版草图

功能：将纸样生成新的打版草图。

操作：

（1）选中需要生成草图的纸样。

（2）单击"纸样"菜单 >"纸样生成打版草图"，弹出"纸样生成打版草图"对话框，如图 3-183 所示。

（3）选择第一选项，点击"确定"即可。

说明：

如果对工作区纸样或所有纸样操作该命令，直接点击该命令。

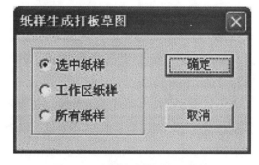

图3-183　纸样生成打版草图对话框

四、号型菜单

1. 尺寸变量

功能：该对话框用于存放线段测量的记录。

操作：

单击"号型" > "尺寸变量"，弹出"尺寸变量"对话框，如图 3-184 所示，可以查看各码数据，也可以修改尺寸变量符号，方法为：单击变量符号，待其显亮后，单击文本框旁的三角按钮，从中选择变量符号，也可以直接输入变量名，把变量符号修改为变量名，按"确定"即可。

变量符号：

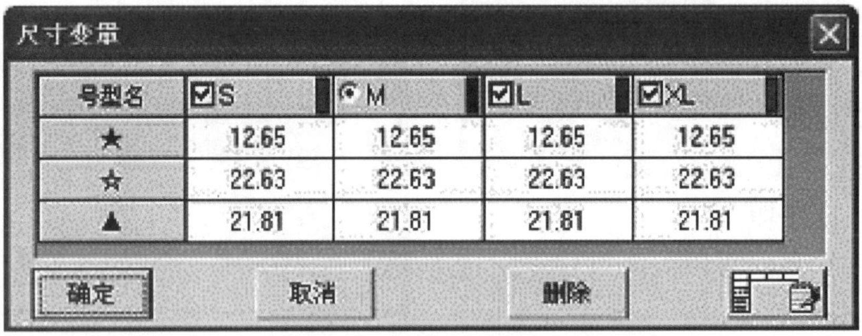

图3-184　尺寸变量对话框

五、显示菜单

"状态栏"、"款式图"、"标尺"、"衣片列表框"、"快捷工具栏"、"设计工具栏"、"纸样工具栏"、"放码工具栏"、"显示辅助线"、"显示临时辅助线"勾选则显示对应内容，反之则不显示。

六、选项菜单

1. "系统设置"

详见本章第二节"工作环境设置"。

2. 使用缺省设置

功能：采用系统默认的设置。

操作：

单击"选项"菜单 > "使用缺省设置"即可。

注意：

用了缺省设置，系统中改过的设置就会相应的改变。建议在正常状态下，不要选择缺省设置。

3. 启用尺寸对话框

功能：该命令前面有√显示，画指定长度线或定位或定数调整时可有对话框显示，反之没有。

操作：

单击"选项"菜单 > "启用尺寸对话框"，如果做此操作前，该命令前无√显示，操作后就有√显示，如果做此操作前，该命令前有√显示，操作后就无√显示。

4. 字体（F）

功能：用来设置工具信息提示、T 文字、布纹线上的字体、尺寸变量的字体等的字形和大小，也可以把原来设置过的字体再返回到系统默认的字体。

操作：

（1）单击"选项"菜单下的"字体"，会弹出"选择字体"对话框，如图 3-185 所示。

（2）选中需设置要的内容，单击"设置字体"按扭，弹出"字体"对话框，选择合适的字体、字形、大小，单击"确定"，结果会显示在"选择字体"对话框中。

（3）如果想返回系统默认字体，只需在"默认字体"按扭上单击。

（4）单击"确定"，对应的字体就改变。

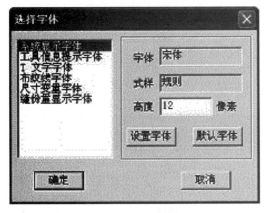

图3-185　字体对话框

5.设置自定义工具栏

功能：为了用户操作方便，可根据需求只把用到工具显示在界面上。

操作：

（1）单击"选项" > "自定义工具条"。

（2）在"选择自定义工具条"里选择"自定义工具条1"，如图 3-186 所示。

（3）在"可选择的按钮"中点击需要的图标，点击"添加"，可选择多个图标，添加完成后。

（4）单击"确定"，自定义工具条 1 将在窗口中显示。

注意：

需要在"显示" > "自定义工具条"打勾才可以显示。

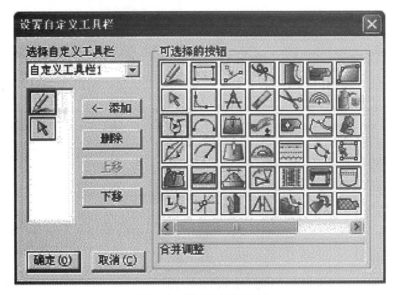

图3-186　设置自定义工具栏

第五节 电脑平面制板快速入门

本节通过演示一步裙的操作过程,让读者能够快速掌握富怡服装 CAD 软件基本制板流程。

一、规格尺寸设置

点击"菜单">"号型">"设置号型规格表",在弹出的对话框中输入一步裙的规格尺寸,如图 3-187 所示。

号型名 ☑	◉基码 ☑	
裙长	52	
臀围	94	
腰围	70	

图3-187 设置号型规格表

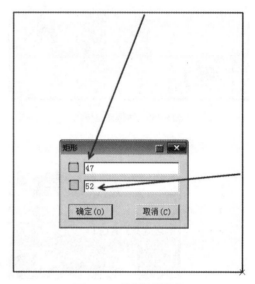

图3-188 绘制矩形框架

二、一步裙结构设计

因为裙子类结构设计,一般是以右半身进行,所以一步裙前后片放入一个框架内完成,具体参照以下步骤:

1. 前片结构设计

(1)使用智能笔 或矩形工具 ,以"裙长"和"臀围 /2"为边长,绘制矩形框架,如图 3-188 所示。

(2)使用智能笔工具 的平行线功能,做出前后片分界线和臀围线,如图 3-189 所示。

(3)使用智能笔工具 ,在腰节上平线上,距前中"腰围 /4+4(省道"处,做前腰围线起翘量"0.7",并与前中点相连,调节成前片腰节线,如图 3-190 所示。

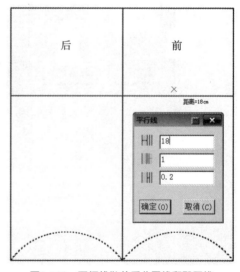

图3-189 平行线做前后分界线和臀围线

图3-190　做前片腰节线

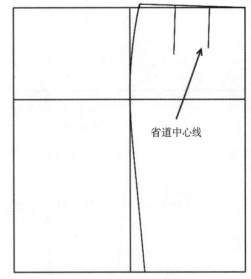

图3-192　做前省道线

省道中心线

（4）使用智能笔工具 ，连接前侧缝线，如图 3-191 所示。

2. 后片结构设计

（1）使用智能笔工具 ，在腰节上平线上，距后中"腰围和4+4(省道)"处，做前腰围线起翘量"0.7"，并与后中下落"1"点相连，调节成后片腰节线，如图 3-193 所示。

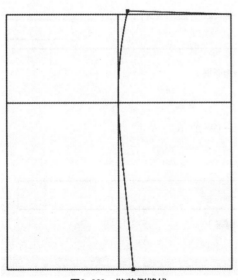

图3-191　做前侧缝线

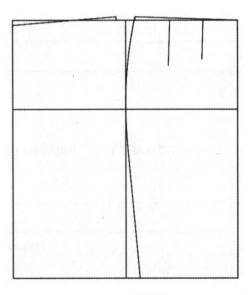

图3-193　做后腰线

（5）使用智能笔工具 ，结合键盘 Shift 键，做出前片省道中心线，如图 3-192 所示。

（2）使用智能笔工具 ，连接后侧缝线，如图 3-194 所示。

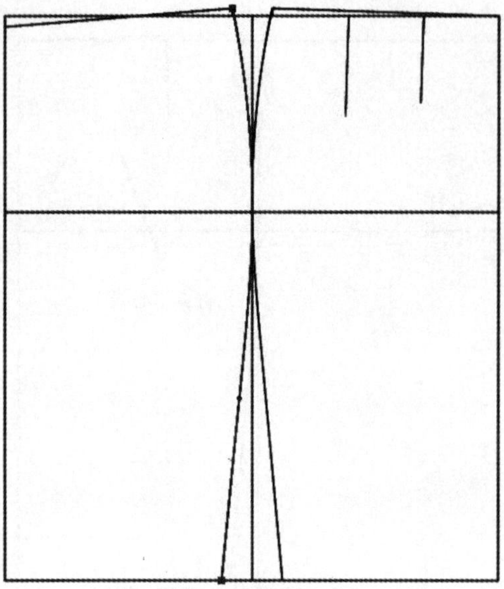

图3-194 做后侧缝线

(3)使用智能笔工具，结合键盘Shift键，做出后片省道中心线，如图3-195所示。

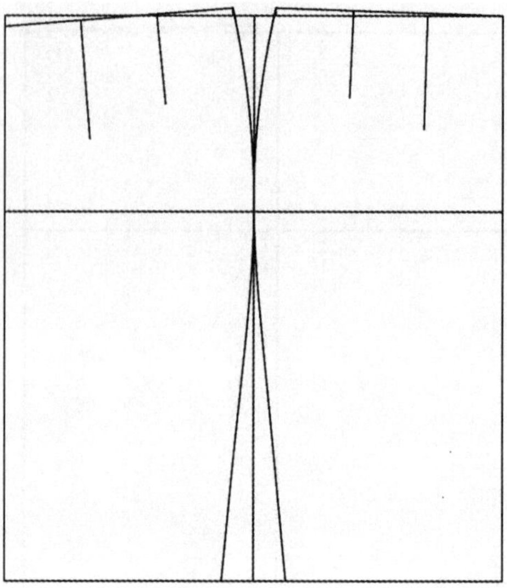

图3-195 做后省线

3. 腰带结构设计

(1)使用智能笔或矩形工具，以"(腰围长度+4)"，"4"为边长做腰带的矩形框架，如图3-196所示。

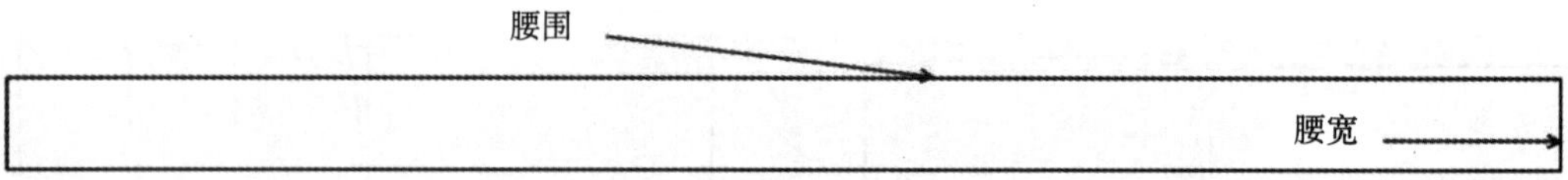

图3-196 做腰带矩形框

(2)使用智能笔工具，绘制腰带叠门量，如图3-197所示。

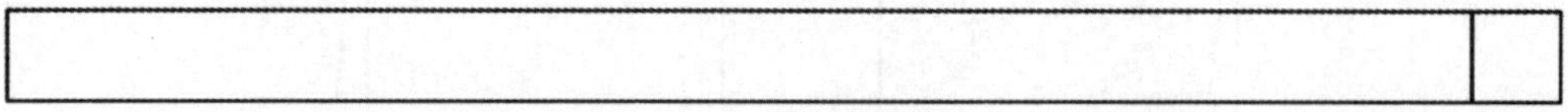

图3-197 做腰带叠门

4. 一步裙样片处理

(1)使用剪刀工具，将前裙片、后裙片、腰带分别剪下，如图3-198所示。

(2)使用布纹线工具，将前裙片、后裙片、腰带布纹线修改正确，如图3-199所示。

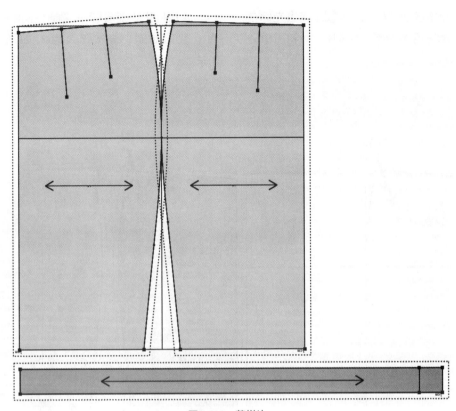

图3-198　剪样片

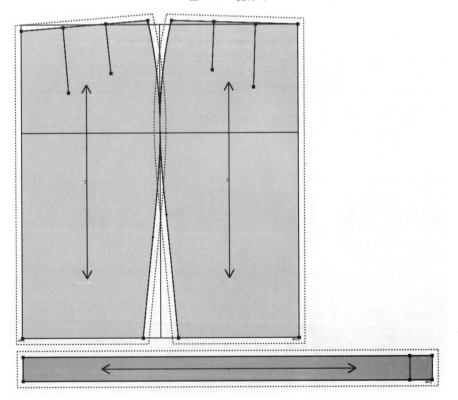

图3-199　布纹线修正

（3）使用移动纸样工具 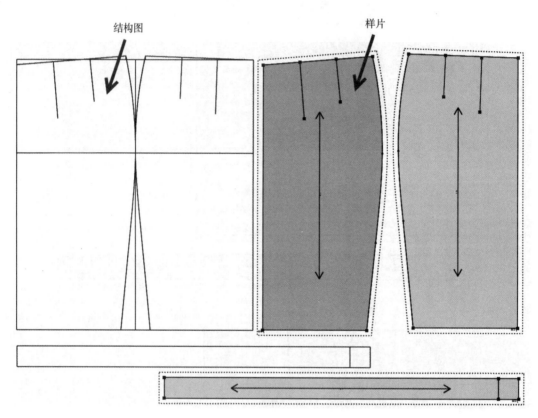 或当光标在样片上时按一下空格键,讲样片从结构图中分离出来,如图3-200所示。

（4）使用V型省工具 ,在前后裙样片上做出省道,每个省大为2,如图3-201所示。

图3-200　分离样片

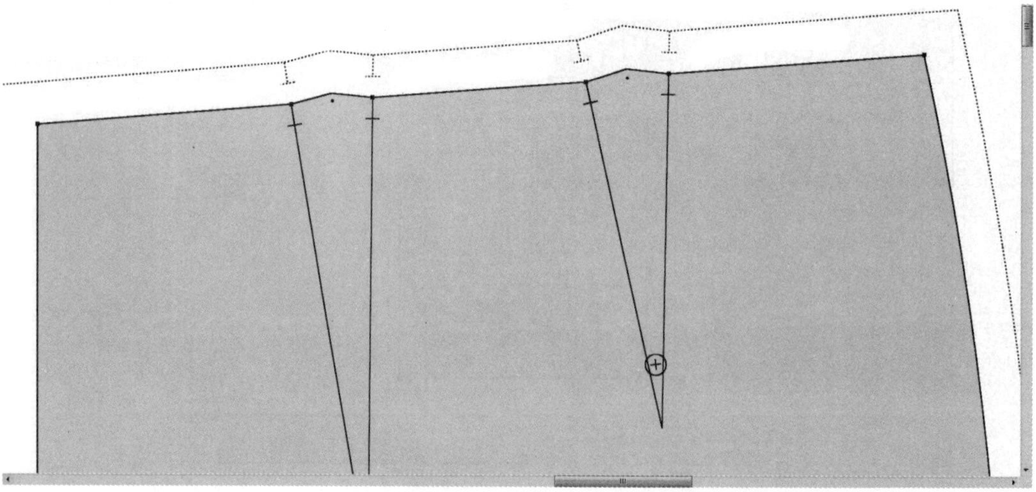

图3-201　做裙片腰省

（5）使用加缝份工具 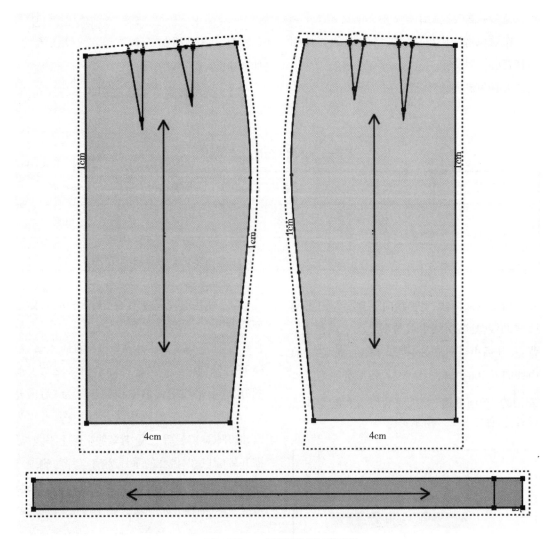，修改下摆缝份，
完成一步裙样片设计，如图 3-202 所示。

图3-202 一步裙样片设计完成图

第六节　电脑平面板型设计实例

一、背心平面板型设计

按照原型法应用富怡服装 CAD 进行休闲牛仔背心板型设计。

1. 原型制图（静体尺寸）

（1）使用智能笔 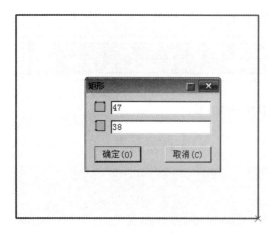 或矩形工具，以"后中长"和"胸围 /2"为边长，绘制矩形框架，如图 3–203 所示。

（2）使用智能笔工具 的平行线功能，

表3-2　休闲牛仔背心成品规格

单位：cm

号型	尺寸	后中长（L）	胸围（B）	示意图
160/84A	人体尺寸	38	84	88
	成品尺寸	52	98	92

分别做出袖窿深线（上平线向下 B/6+7=21）、侧缝辅助线（袖窿深线中点与下平线中点相连）、背宽线（后中线向右 B/6+4.5=18.5）、胸宽线（前中线向左 B/6+3=17），完成后，使用智能笔工具 的"单向靠边"功能将背宽线和胸宽线进行修剪，如图 3–204 所示。

图3-203　原型矩形框架

（3）使用智能笔工具 各个功能，做出后横开领（上平线上距后中 B/20+2.9=7.1）、后直开领（上平线上后横开领长度垂直向上做"后横开领除以 3"长度垂线即 7.1÷3=2.37）、前横开领（上平线上距前中线的长度为"后横开领 –0.2"）、前直开领（前中线上距上平线长度为"后横开领 +1"）、后肩线（背宽线上距上平线"后横开领除以 3"做 2 的垂线为肩点并与侧颈点相连）、前肩线（前直开领下落 0.5 为侧颈点，胸宽线下落"后横开领除以 2"做 4 垂线为辅助线，使用比较长度工具 测量后侧颈点到后肩点的距离 14.21，以 14.21–1.8=12.41 长度，以前颈点为圆心，使用智能笔工具 单圆规功能，在辅助线上找到前肩点），如图 3–205 所示。

（4）使用智能笔工具 连接领口斜线、袖窿斜线，并使用调整工具将领口斜线、袖窿斜线调整成弧形，如图 3–206 所示。

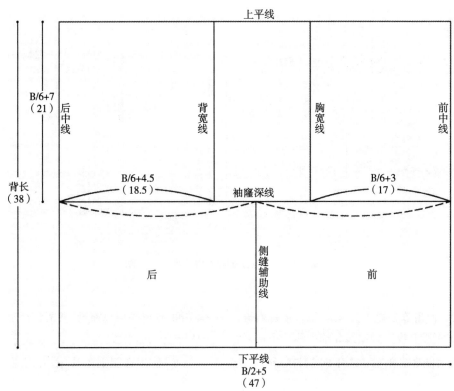

图3-204　原型基础线绘制图

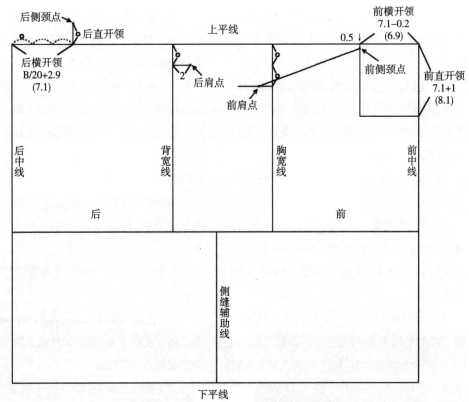

图3-205　原型领圈和肩线基础线绘制图

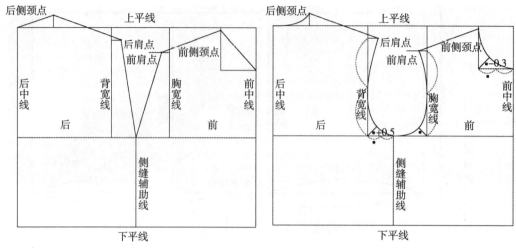

图3-206　原型领圈弧线和袖窿弧线绘制图

（5）使用等分规工具 结合鼠标右键，在袖窿深线上找到胸宽线和前中线的中点，然后使用智能笔工具 结合F9键，在距中点左侧0.7位置向下做4垂线，垂线端点即为BP点，如图3-206所示。

（6）使用智能笔工具 在下平线中点左侧2连接袖窿深线中点即为侧缝线，如图3-206所示。

（7）使用智能笔工具 结合Shift键和鼠标右键，将前中线向下延长"前横开领/2"长度后做垂线与BP点竖直线相交，连接交点与侧缝线下端点即为前腰围线，如图3-207所示。

2. 休闲牛仔背心后衣片板型设计（成品尺寸，如图3-208所示）

（1）使用智能笔工具 结合Shift键，将原型后片复制出来，并将腰线下降1cm为后片腰线位置，再向下做14cm平行线，即完成底边辅助线。

（2）使用智能笔工具 ，在原型胸围的基础上加出1，向下做垂线即为侧缝辅助线。

（3）使用智能笔工具 ，侧颈点开大1.5，后颈点下降0.5，连接圆顺即为后领口弧形。

（4）使用智能笔工具 结合Shift键做垂线功能，在原型肩点缩进2，抬高0.5位置，连接侧颈点即为后肩线。

（5）使用智能笔工具 ，在原型袖窿点低5.5位置点与新肩点相连，并调圆顺即为后袖窿弧线。

（6）使用智能笔工具 ，在后中线下方取5为下摆克夫宽度，取下摆处侧缝收进1.5，直线连接腋底点即为侧缝线。

（7）使用智能笔工具 ，在后中线取后颈点向下11作水平线，在该线上取10后下降3为弧线的尖点，按下快捷键"Ctrl+H"，显示弦高，左右两侧各向上凸起0.5，分别绘出圆顺的弧线即为后背分割线。

（8）使用智能笔工具 ，在距后中7.5处固定装饰带，该装饰带一头大，一头小，都呈尖角形。

3. 休闲牛仔背心前衣片板型设计（成品尺寸）

（1）使用智能笔工具 结合Shift键，将原型前片复制出来，腰线位置向下做15平行线，即完成底边辅助线。

（2）使用智能笔工具 ，在原型胸围的基础上加出1，向下做垂线即为侧缝辅助线。

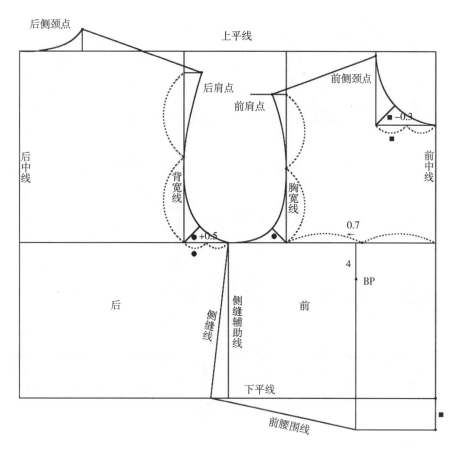

图3-207 原型完成图

（3）使用智能笔工具 ，侧颈点开大1.5，搭门宽2，原型胸围线向上1为前开领深，直线连接后内凹0.7作出V型领圈。

（4）使用智能笔工具，在原型的侧颈点处开大1.5，取后肩线长度即为前肩线。

（5）使用智能笔工具，按照前后侧缝等长的原则定出前片的袖窿底点，然后参照原型中的前袖窿弧线，与新肩点相连，并调圆顺即为前袖窿弧线。

（6）使用智能笔工具，在后中线下方取5为下摆克夫宽度，取下摆处侧缝收进1.5，直线连接腋底点即为侧缝线。

（7）使用智能笔工具，在原型的胸围线上取距前中线9后向下2.5为弧线的尖点，袖窿一侧取袖窿弧线与原型胸围线交点向下1处

直线连接尖点，前中一侧取原型胸围与止口线的交点直线连接尖点，按下快捷键"Ctrl+H"，显示弦高，左右两侧各向上凸起0.5，分别绘出圆顺的弧线即为前胸分割线。

（8）使用智能笔工具，在距侧缝1.5处固定宽3的装饰带，该装饰带一头呈尖角形。

（9）使用等分规工具，绘制扣位，第一粒纽扣为前领深处，最后一颗为下摆克夫的中心处，两者间距五等分即为扣位。

4.剪取样板

（1）使用剪刀工具，分别截取前后各样片及装饰带。

（2）使用纸样对称工具，将后片进行对称。

（3）使用布纹线工具，将各个样片布纹线调整正确，完成后如图3-209所示。

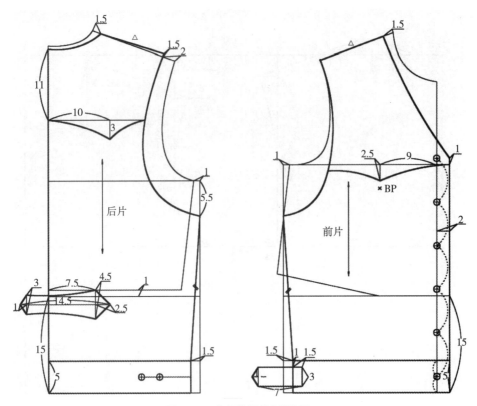

图3-208 休闲牛仔背心结构图

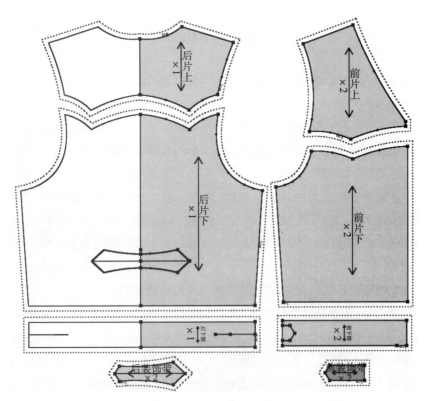

图3-209 休闲牛仔背心样板

二、衬衫平面板型设计

按照比例法应富怡服装CAD进行基本款女衬衫平面板型设计。

1. 单击"号型"菜单 > "号型编辑"，在设置号型规格表中输入尺寸（此操作可有可无，如图3-210所示）。

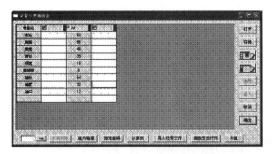

图3-210　女衬衫规格输入对话框

2. 选择 智能笔工具在空白处拖定出衣长（64cm）、后胸围（胸围 98÷4=24.5cm），如图3-211所示。

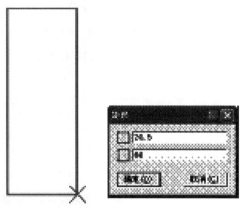

图3-211　衬衫基础矩形框架

3. 用 矩形工具定后领宽8cm、后领深2cm，选择 智能笔工具画出后领曲线，并用 对称调整工具对后领曲线进行对称调整，如图3-212所示。

4. 选择 智能笔工具，光标放在后中线的最上端，该点变成亮星点时敲Enter键，弹出偏移对话框，输入偏移量按确定，并与领宽点连接，如图3-213所示。

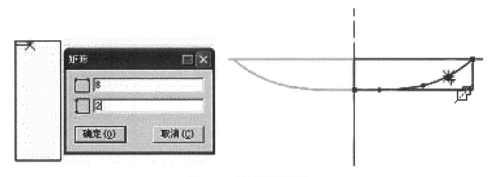

图3-212　衬衫后领圈弧线

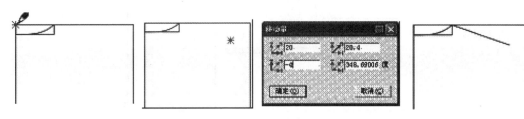

图3-213　衬衫后肩线

5. 继续用 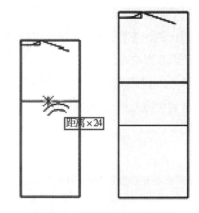 智能笔工具,放在上平线上
(等份点之外)按住左键往下拖,在键盘敲 24 并
单击左键,定出胸围线,同样的操作方法定出腰
线,如图 3-214 所示。

6. 用 智能笔工具定出背宽(可以用计
算器胸围 ÷6+2.5=18.8),如图 3-215 所示。

7. 用 智能笔工具画后袖笼。在背宽线
上取等份点时,如果不是您所用需要的等份数,
在快捷工具栏 **2** 输入合适的等份数。用
调整工具调整圆顺,如图 3-216 所示。

8. 同样用 智能笔作侧缝线及下摆线,
再用 调整工具调整圆顺,如图 3-217 所示。

图3-214 衬衫胸围线和腰围线

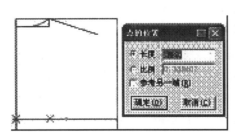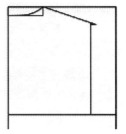

图3-215 衬衫背宽线

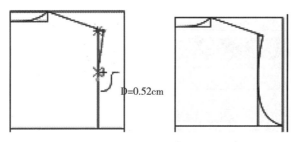

图3-216 衬衫后袖窿弧线

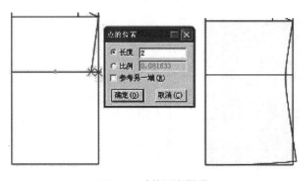

图3-217 衬衫后侧缝线

9. 用 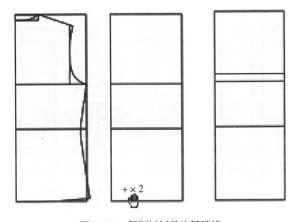 移动工具复制后幅的结构线来制作前幅,用 智能笔在胸围线上向上拖距其 2.5cm 的线,如图 3-218 所示。

10. 用 矩形工具作出前领深 9cm,前领宽 8cm,用 智能笔工具作出前落肩线 4.2cm,前胸宽 17.8cm,画出前领曲线再用 对称调整工具对前领调整您满意为止,如图 3-219 所示。

11. 用 比较长度工具测量后幅小肩长并记录,用 圆规作出前幅小肩,用 智能笔

画出前袖笼曲线,如图 3-220 所示。

12. 用 移动工具翻转复制后侧缝,并用调整工具把侧缝上端点调整至距胸围 2.5cm 的线上,如图 3-221 所示。

13. 用 智能笔画出门襟及下摆线,用 合并调整工具调整前后夹圈,前后领口曲线及前后下摆至圆顺,如图 3-222 所示。

14. 用 智能笔工具作出腋下省中线及前后菱形省中线,用 比较长度工具测量前后袖笼长并记录,如图 3-223 所示。

+×2

图3-218　复制衬衫前片基础线

图3-219　衬衫前片基础线

单位线

长度 12.65

确定(Q)　取消(C)

L=12.65cm

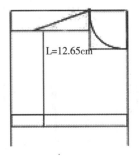

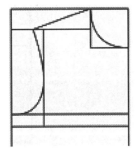

图3-220　衬衫前肩线和胸宽线

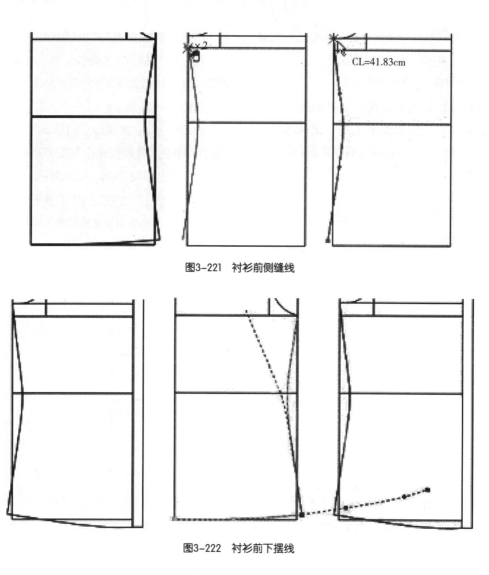

CL=41.83cm

图3-221　衬衫前侧缝线

图3-222　衬衫前下摆线

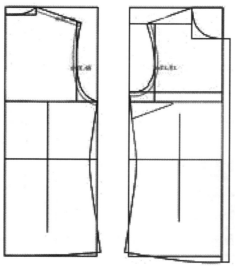

图3-223　测量前后袖窿弧线长

15. 用 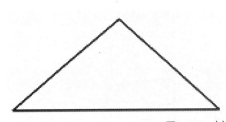智能笔工具画出袖肥 32cm，用圆规作出前后袖山斜线，如图 3-224 所示。

16. 用 智能笔画袖山曲线，并用 调整工具调整至圆顺，如图 3-224 所示。

17. 用 比较长度工具比较袖山曲线与前后袖笼的差值，如果容位不是您的预期值，用 线调整工具调整一步到位，如图 3-225 所示。

18. 用 智能笔画出袖中线及袖口、袖侧缝，如图 3-226 所示。

图3-224　衬衫袖山斜线和弧线

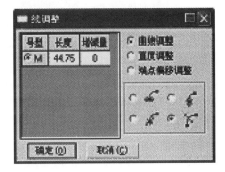

图3-225　调整袖山弧线

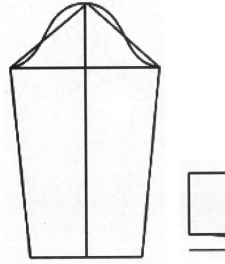

图3-226　衬衫袖片和领片基础线

19. 用 比较长度工具测量出前后领口曲线的总长,用 智能笔画出领。

20. 用 剪刀工具拾取纸样的外轮廓线,及对应纸样的省中线,如图 3-227 所示。

21. 用 布纹线工具调整好各纸样的布纹线方向,用 V 形省工具在前幅加入腋下省,用 锥形省工具在前后幅加入腰省,用 钻孔工具在前幅打上扣位,用 加缝份工具对各纸样加上合适的缝份,如图 3-228 所示。

22. 用 剪口工具在腰节处打上剪口,用 袖对刀工具在前后袖笼及袖山曲线上打剪口,如图 3-229 所示。

23. 用 纸样对称工具关联对称后幅纸样及领,如图 3-230 所示。

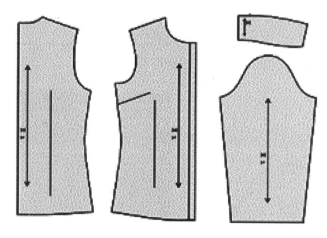

图3-227　衬衫样板净样

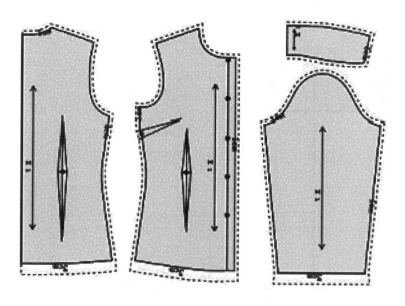

图3-228　衬衫样板毛样

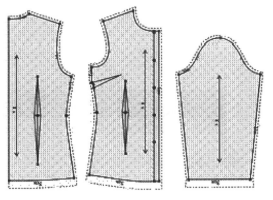

图3-229　衬衫样片打剪口

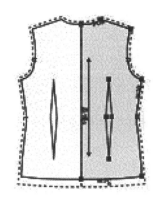

图3-230　衬衫后片及领片样片对称展开

24. 单击"纸样"菜单—"款式资料",弹出"款式信息框",如图 3-231 所示,在此设定款式名、客户名、定单号、布料颜色,统一设定所有纸样的布纹线方向。

25. 在纸样列表框的纸样上双击,弹出"纸样资料"对话框,为各个纸样输入纸样的名称、布料名及份数,如图 3-232 所示。

26. 保存文档。每新做一款点击  保存按钮,系统会弹出"文档另存为"对话框,选择合适的路径,存储文档,再次保存时单击 📙 即可。此步操作可以在做了一些步骤后就保存,养成随时保存文档的好习惯。

图3-231　衬衫款式资料对话框

图3-232　衬衫样片资料对话框

三、外套平面板型设计

按照比例法应用富怡服装 CAD 进行男外套平面板型设计。

1. 单击"号型"菜单 >"号型编辑",在设置号型规格表中输入尺寸（此操作可有可无），如图3-233 所示。

2. 选择 ![智能笔工具图标] 智能笔工具在空白处拖出衣长（64cm）、后胸围（胸围 $120÷4+0.5=30.5$cm）的矩形框,如图3-234 所示。

图3-233　外套规格设置框

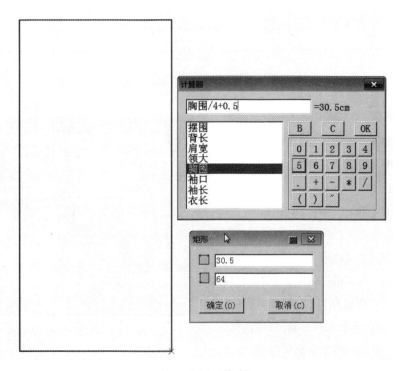

图3-234　外套矩形框架

3. 后横开领：选择 ![] 智能笔工具做后横开领大领围除以5，并在该位置做一段上平线垂线。

4. 后直开领：选择 ![] 角度线工具，以后中点位基准，做与上平线15度的斜线段，与上一步垂线相交，取交点以下即为后直开领，如图3-235所示。

5. 后肩斜线：选择 ![] 智能笔工具过侧颈点做水平线，长度为肩宽÷2再减去后横开领大，即46÷2-40÷5=15cm，以此线为参照，选择

![] 角度线工具，以侧颈点为基准，做18度肩斜线，完成后使用 ![] 智能笔工具修正后，找到后肩点，如图3-236所示。

6. 后背宽和袖窿深：选择 ![] 智能笔工具向后中做出1.8的水平线即为背宽线位置，再向下做出胸围1.5÷10+8即为袖窿深线的位置。

7. 选择 ![] 智能笔工具做出背宽线、袖窿深线、后领圈弧线、袖窿弧线和侧缝线等，如图3-237所示。

图3-235　外套后领结构设计

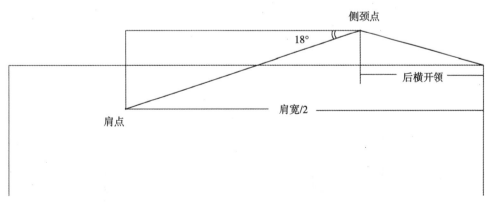

图3-236　外套后肩线结构设计

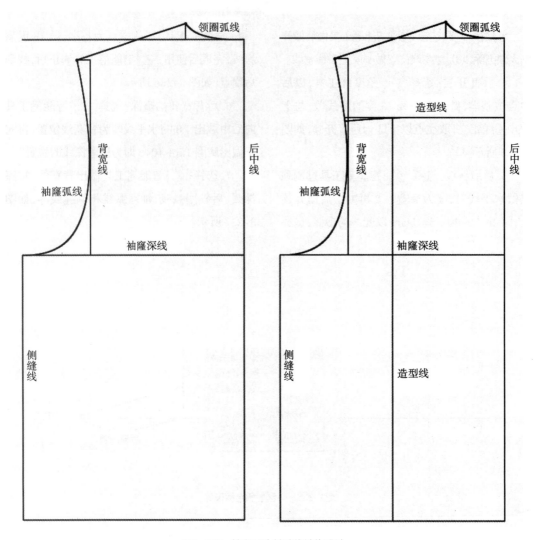

图3-237　外套后片基础线结构设计

8. 选择 ✐ 智能笔工具做出衣身造型分割线。

9. 选择 ✐ 智能笔工具在空白处拖出衣长（64cm）、前胸围（胸围 120÷4−0.5=29.5cm）的

矩形框。

10. 选择 ✐ 智能笔工具，做出前横开领 = 后横开领 −0.5=7.5cm，前直开领 = 后横开领 = 8cm，如图 3-238 所示。

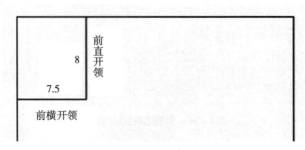

图3-238　外套前领结构设计

11. 前肩线的制作参照后肩线做法,前肩斜为19°,前肩线长度等于后肩线长度。

12. 过前肩点向前中做2.8cm的水平线即为前胸宽线位置。

13. 前袖窿深位置在前中线的前中点向下,长度与后袖窿深线到后中点距离相等。

14. 选择 ✎ 智能笔工具做出胸宽线、袖窿深线、前领圈弧线、袖窿弧线和侧缝线等,如图3-239所示。

15. 选择 ✎ 智能笔工具做出衣身造型分割线、口袋造型及袋位线等。

16. 袖片制图:选择 ✎ 智能笔工具,以

袖长的长度64cm在工作区空白处绘制一条竖直线。

17. 在袖长线上,取袖山高为胸围/10+1cm做水平线,水平线长度左、右各30cm,如图3-240所示。

18. 选择 ✎ 比较长度工具,测量前后袖窿弧线总长度(本例为61cm),前、后袖山斜线的长度为前、后袖窿弧线总长/2-1cm(本例为29.5cm)。

19. 使用 A 圆规工具的单圆规功能,按照前、后袖山斜线的长度,做出前、后袖山斜线。

20. 选择 ✎ 智能笔工具做出袖口大并连

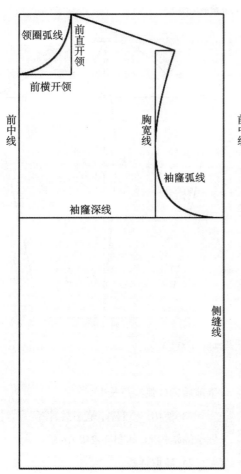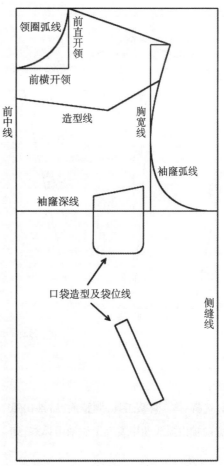

图3-239　外套后片结构设计

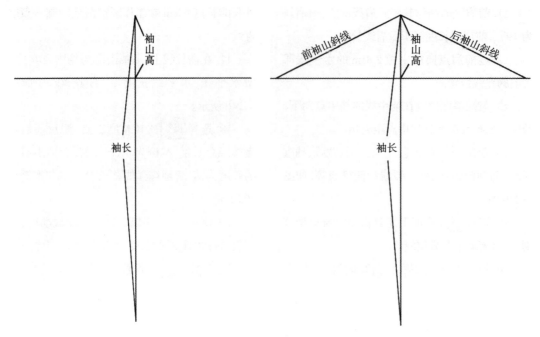

图3-240　外套外套袖基础线

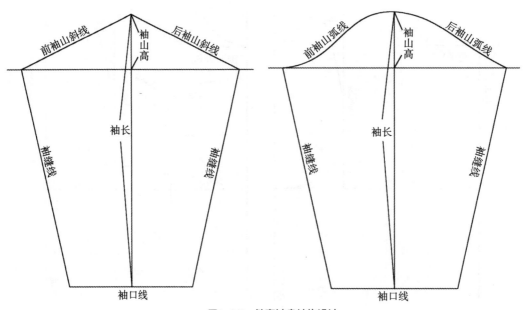

图3-241　外套袖身结构设计

接袖缝线。

21. 选择 ![调整工具] 调整工具,调整前、后袖山弧线,注意前袖山弧线曲率要大于后袖山弧线,如图3-241所示。

22. 领子制图:选择 ![比较长度工具] 比较长度工具,测量前后领口弧线总长度。

23. 使用 ![智能笔工具] 智能笔工具,按照直角法做出领子的结构图,如图3-242所示。

24. 剪取样板

(1)使用剪刀工具 ![剪刀],分别截取前后各样片、袖片、领片及口袋。

（2）使用纸样对称工具 ，将后片、领片进行对称。

（3）使用布纹线工具 ，将各个样片布纹线调整正确。

完成后如图3-243所示。

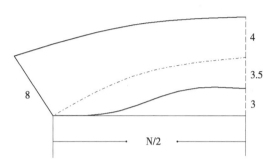

图3-242　外套领片结构设计

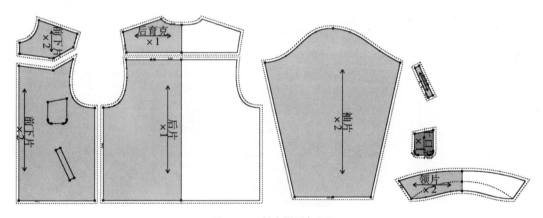

图3-243　外套样板完成图

第四章　电脑服装平面制板与三维造型试样

FUZHUANG DIANNAO SANWEI
ZAOXING YU ZHIBAN

第一节　平面与三维互通方式

这里所讲的平面制板,指的是通过服装 CAD 完成的二维服装样板,而非在三维软件的样板窗口中制作的样板,因为要达到服装工业生产级别的样板要求是非常高的。一般情况下,平面服装 CAD 软件与三维软件图形互通的方式主要是通过 DXF 格式的文件来完成的。DXF 是 Autodesk 公司开发的用于 AutoCAD 与其他软件之间进行 CAD 数据交换的 CAD 数据文件格式。DXF 是一种开放的矢量数据格式,可以分为两类:ASCII 格式和二进制格式;ASCII 具有可读性好,但占有空间较大;二进制格式占有空间小、读取速度快。由于 Autocad 现在是最流行的 CAD 系统,DXF 也被广泛使用,成为事实上的标准。绝大多数 CAD 系统都能读入或输出 DXF 文件。

1. 平面服装 CAD 软件导出 DXF 文件的方法

在服装 CAD 软件中完成服装样板的制作后,选择"文档"菜单 > "输出 ASTM 文件",弹出"另存为"对话框,输入文件名称保存,然后对 ASTM 文件选项进行简单设置即可,如图 4-1 所示。

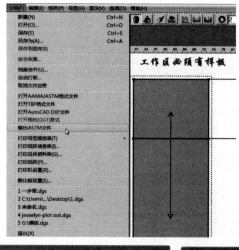
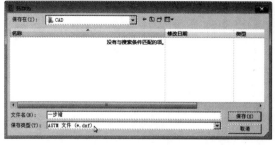
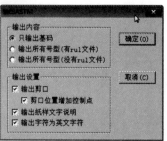

图4-1　输出ASTM文件命令

2. 三维软件导入 DXF 文件的方法

打开三维软件,依次点击菜单中的"文件" > "导入" > "DXF" > "打开"命令,在弹出的对话框中选择 CAD 中导出的"dxf"文件,然后打开。在弹出的对话框中选择单位和是否交换缝份线,单击"OK"按钮完成导入工作,如图 4-2 所示。

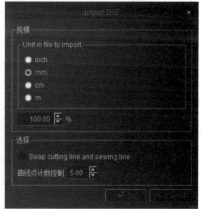

图4-2 导入DXF文件命令

第二节 平面制板与三维静态试样案例

按照第一节中介绍的方法,以一步裙为例来介绍平面制板与三维静态试样的方法,更多案例请访问服装 CAD 网络课堂(www.cadclass.cn)。

一、应用富怡服装CAD,按照模特尺寸完成平面制板,如图4-3所示。

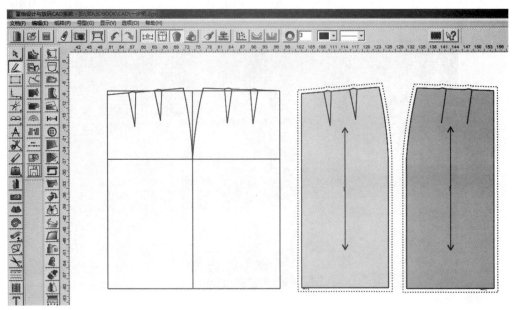

图4-3　服装CAD中的平面样板

二、将 CAD 中的样板导出为 DXF 格式文件并在三维软件中导入,导入后在样板窗口中放置适当位置,如图 4-4 所示。

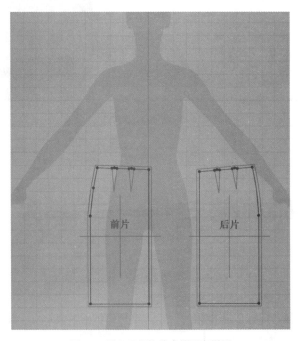

图4-4　导入三维软件中的平面样板

三、导入后，请参照第二章第五节的内容，在三维软件中进行模拟试穿，这里就不一一累述，完成后效果如图4-5所示。

四、根据三维试穿效果，对平面样板进行修正，以达到所需效果。

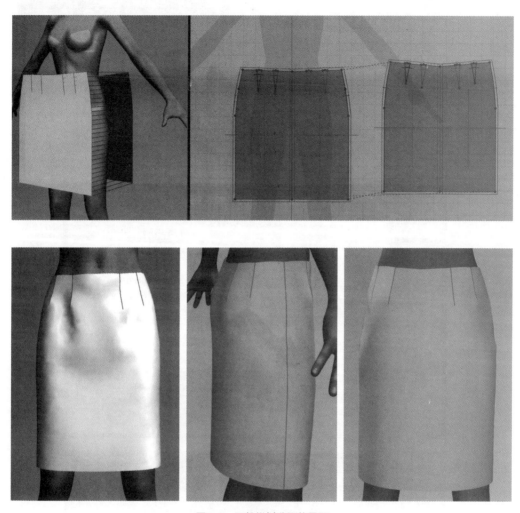

图4-5 三维模拟造型效果图

第三节 平面制板与三维动态试样案例

静态试样不能够完全满足人体舒适性对样板的要求，为了检验样板的质量，我们需要在三维软件中将模特人体变换各种姿态，来观察样板的变换。在三维软件中，有两种方法对模特姿态进行变换,一种方法是调用系统自带的各种姿态,另一种方法是使用关节点调整自行进行姿态变换。

一、系统自带模特姿态试样

1. 点击"菜单">"文件">"打开">"样子"命令,如图4-6所示。

2. 在弹出的对话框中首先选择男、女、童等角色姿态所属的目录,因本例为女性模特,故选择"woman_pose"目录,打开该目录,可以选择系统自带的不同模特的姿态,如图4-7所示。

图4-6 打开样子命令

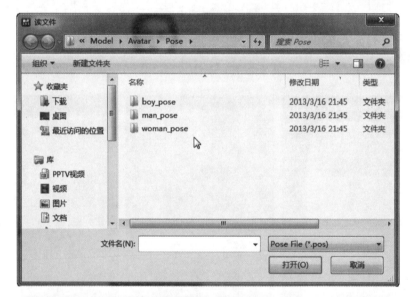

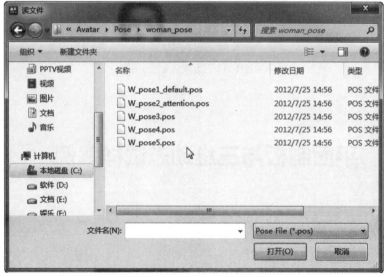

图4-7 打开样子文件

3. 当选择不同模特姿态时,模特窗口的模特姿态将会发生变化,如图4-8所示。

二、自定义模特姿态试样

自定义模特姿态主要是指通过调整模特各个关节点,实现模特姿态的改变,具体步骤如下。

1. 将服装隐藏,然后点击模特窗口上方的"显示 X-Ray 结合处"按钮,这时模特窗口的模特关节点(绿色点)便会显示出来,如图4-9所示。

2. 根据所需要定义的姿态,选中腰部关节

图4-8 打开不同样子文件模特姿态的变化

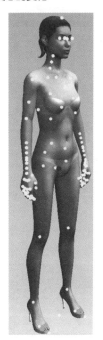

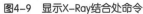

图4-9 显示X-Ray结合处命令

点,这时该点的三维放置球会出现,如图4-10 所示

3.通过调整三维放置球各手柄,实现模特

姿态的改变,如图4-10所示。

4.将隐藏的服装显示出来,即完成自定义模特姿态试样。

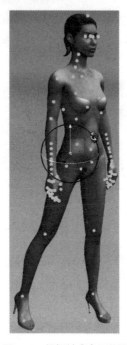

图4-10 根据结合点调整模特姿态

第五章 服装三维秀

FUZHUANG DIANNAO SANWEI
ZAOXING YU ZHIBAN

本章所介绍的服装三维秀是将做好的服装款式,以三维动态视频的形式展现出来,通过模特在运动中的变化,来观察服装的动态舒适性。

一、点击"菜单">"文件">"打开">"动作"命令,如图5-1所示。

二、在弹出的对话框中首先选择男、女、童等角色动作所属的目录,因本例为女性模特,故选择"woman"目录,打开该目录,可以选择系统自带的不同模特的动作,如图5-2所示。

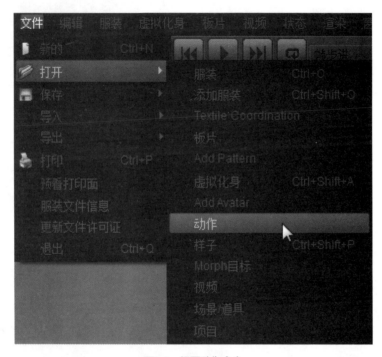

图5-1 打开动作命令

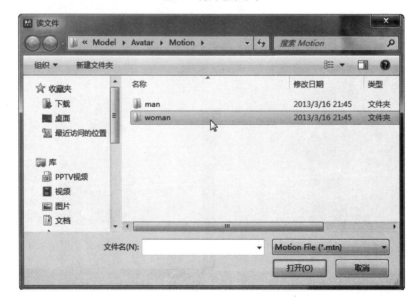

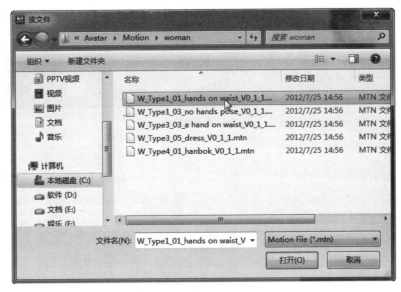

图5-2　打开动作文件

三、点击模特窗口上方的录制服装模拟 "●" 按钮,模特窗口中的模特便开始动态模拟。

四、动态模拟完成后,点击模特窗口上方的 "A" 按钮,将软件窗口从设计模拟状态切换到视频状态,如图 5-3 所示。

五、在下方的 "视频编辑器" 中,选中需要显示的模特和服装帧轨,这样才能实现服装和模特的同时模拟,若不选中 "cloth" 则只有模特动而服装不动,如图 5-4 所示。

图5-3　视频状态

图5-4　帧轨编辑

六、点击播放按钮,并通过调节"帧步进"控制模特行走速度,如图5-5所示。

七、通过观察模特窗口模特动态效果,对服装合体性进行分析,如图5-6所示。

图5-5　帧步进速率设置

图5-6　服装动态模拟效果图

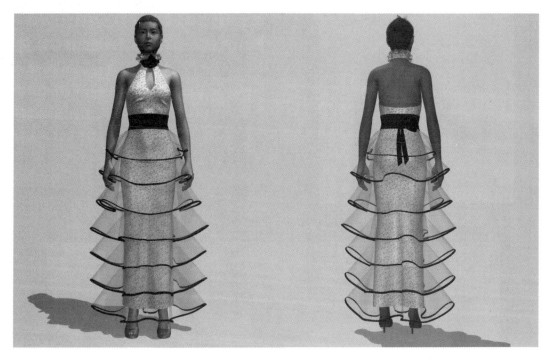

黄色礼服

多款连衣裙

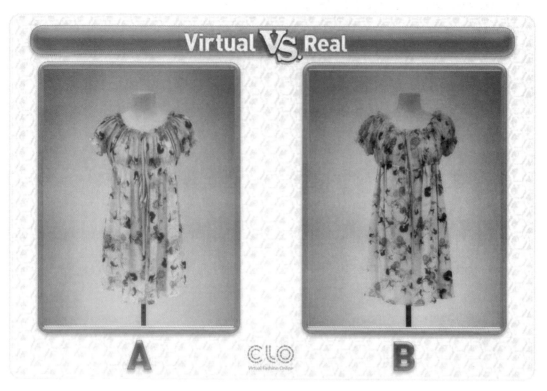

抽皱裙虚拟（A）与现实对照图（B）

粉红色的多层礼服虚拟（A）与现实对照图（B）

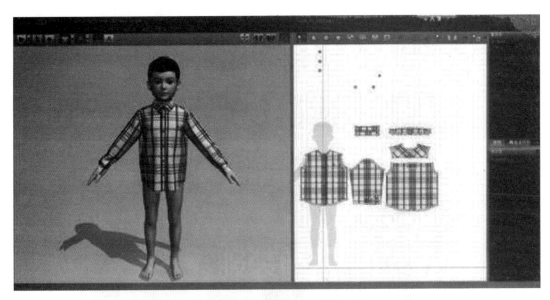

儿童衬衫三维造型与二维样板

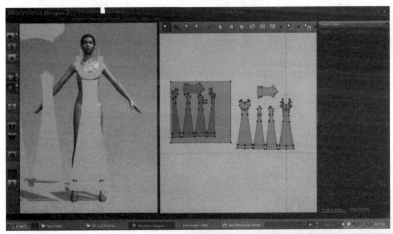

女连衣裙三维造型与二维样板

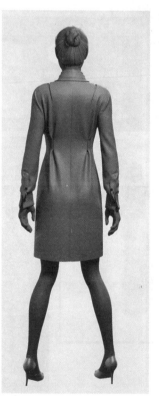

女外套系列

  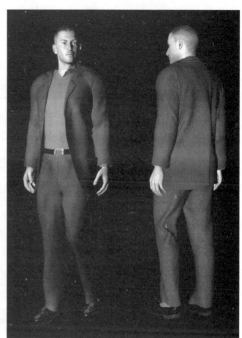

男装外套

创意女装